新工科·普通高等教育机电类系列教材

现代机械工程制图习题集　第2版

主　编　许幸新　罗晨旭　白聿钦

副主编　段　鹏　孙智甲　刘　宁

参　编　牛　赢　刘　瑜　魏　锋　莫亚林

机械工业出版社

本习题集与河南理工大学许幸新、罗晨旭、白聿钦主编的《现代机械工程制图》第 2 版配套使用，主要内容包括制图基本知识和技能、投影基础、立体及其表面交线、组合体、轴测图、机件的常用表达方法、标准件与常用件、零件图、装配图、计算机绘图及模拟试卷等。

为便于组织教学，本习题集的编排次序与配套的主教材体系保持一致。考虑到能适用于不同专业和不同学时（54～120）的需要，习题和作业量较多，任课教师可根据学时和专业实际情况选用或适当增删。

本习题集适用于高等院校机械类和近机械类各专业机械制图课程的教学，也可供工程技术人员参考。

图书在版编目（CIP）数据

现代机械工程制图习题集 / 许幸新，罗晨旭，白聿钦主编 . --2 版 . --北京：机械工业出版社，2024.8. --（新工科·普通高等教育机电类系列教材）.

ISBN 978 - 7 - 111 - 76286 - 7

Ⅰ . TH126 - 44

中国国家版本馆 CIP 数据核字第 2024M8J056 号

机械工业出版社（北京市百万庄大街 22 号　邮政编码 100037）

策划编辑：赵亚敏　　　　　　责任编辑：赵亚敏　杨　璇

责任校对：蔡健伟　梁　静　封面设计：张　静

责任印制：张　博

天津市光明印务有限公司印刷

2025 年 3 月第 2 版第 1 次印刷

370mm×260mm · 12 印张 · 290 千字

标准书号：ISBN 978-7-111-76286-7

定价：38.00 元

电话服务　　　　　　　　　网络服务

客服电话：010 - 88361066　　机　工　官　网：www.cmpbook.com

　　　　　010 - 88379833　　机　工　官　博：weibo. com/cmp1952

　　　　　010 - 68326294　　金　书　网：www.golden-book.com

封底无防伪标均为盗版　　　机工教育服务网：www.cmpedu.com

第 2 版 前 言

本习题集与河南理工大学许幸新、罗晨旭、白聿钦主编的《现代机械工程制图》第 2 版配套使用，适用于高等院校机械类和近机械类各专业机械制图课程的教学，也可供工程技术人员参考。

为便于组织教学，本习题集的编排次序与配套的主教材体系保持一致。考虑到能适用于不同专业和不同学时（54 ~ 120）的需要，习题和作业量较多，任课教师可根据学时和专业实际情况选用或适当增删。

为遵循由易到难的认知规律，本习题集将第 1 版的"立体的图示原理"一章更名为"投影基础"，侧重于基本作图的练习。由于配套使用的《现代机械工程制图》第 2 版教材将经典图学内容和计算机绘图进行了有机融合，基于三维建模及向二维工程图的转换功能，引入"异维图"的概念。因此，本习题集在继承工程图学的基本理论、基本概念和基本方法的基础上，使用现代计算机绘图技术，通过异维图进行零部件的表达。有关较复杂的立体截交和相贯、组合体、机件表达的习题以"*"标识为三维建模和异维图内容，实现读图和绘图的统一。

"轴测图"内容单独成为一章放于"组合体"之后，第 1 版的"零件的表达方法"一章中的"轴测剖视图"内容归入"轴测图"，方便学生系统学习。为便于学生分门别类，将"机械制造基础知识"一章的"螺纹"内容、"零件图"一章的"齿轮"及"弹簧"内容和"装配图"一章中的"螺纹联接""键联结""销联接""齿轮啮合"及"滚动轴承"进行重组，成为"标准件与常用件"一章。

零件图采用了制图现行国家标准，增加了三维建模的习题。装配图习题引入三维建模、生成爆炸图及三维轴测剖视图等。通过零部件认知、建模和拆装的大作业训练以及增加计算机 AutoCAD 二维绘图内容，综合培养学生的形象思维能力和计算机绘图能力。

本习题集的编排力求符合学习规律，由浅入深、由易到难、循序渐进，通过工程形体异维图的习题训练，较快地提高学生的空间思维能力和工程形体表达能力。所有题目图样全部采用现行制图国家标准，由计算机绘图软件精确绘制。同时，为有效提升学生的空间思维能力，本习题集增加了立体模型的对应二维码。

本习题集由河南理工大学主持编写，河南理工大学许幸新、罗晨旭、白聿钦担任主编，并进行统稿。参加本次修订工作的有河南理工大学罗晨旭（第 1 章和第 8 章 8 - 1 至 8 - 4）、魏锋（第 2 章）、刘宁（第 4、5 章）、许幸新（第 6 章、第 11 章）、牛赢（第 8 章 8 - 5 至 8 - 8）、段鹏（第 9 章）、孙智甲（第 10 章）、白聿钦和莫亚林（模拟试卷），以及河南牧业经济学院刘瑜（第 3 章）。

本习题集在修订过程中得到了机械工业出版社和中望教育云平台的大力帮助和技术支持，在此表示衷心感谢！特别向为第 1 版做出贡献而又未能参加此次修订的侯守明、杜宝玉、胡爱军、曲海军老师表示衷心的感谢！也特别向为本习题集配套"手机 APP 三维虚拟模型库"提供技术支持的河南理工大学智绘图学团队的吴二闯等同学表示衷心的感谢！

由于编者水平有限，本习题集难免存在疏漏和不足之处，敬请广大读者批评指正，并提出宝贵意见与建议。

编 者

第 1 版 前 言

　　本习题集与白聿钦、莫亚林主编的《现代机械工程制图》配套使用，适用于高等院校机械类和近机械类专业机械制图课程的教学，也可供工程技术人员参考。

　　为便于组织教学，本习题集的编排次序与配套的主教材体系保持一致。考虑到适应不同专业和不同学时（54～120）的需要，习题和作业量较多，任课教师可根据学时和专业实际情况选用或适当增删。

　　由于配套使用的《现代机械工程制图》教材将经典图学内容和计算机绘图进行了有机融合，侧重于利用 SolidWorks 的三维建模及向二维工程图的转换功能，从而引入异维图的概念。因此，本习题集在继承工程图学的基本理论、基本概念和基本方法基础上，使用现代计算机绘图技术，通过异维图进行零件和装配体的表达。在投影理论方面，侧重于基本作图的练习。有关立体截交、相贯体、组合体、零件各种表达的习题主要采用 SolidWorks 绘制异维图，实现读图和绘图的统一。本习题集增加了读图与三维建模的习题。与传统的机械制图习题集不同，本习题集将标准件和常用件等内容分散到其他相应章节。根据构建装配体的目的和要求，将配合、螺纹联接、键联结、销联接、齿轮啮合、焊接、轴承等与构建装配体相关的题目集中到"装配体的表达方式"一章；装配体表达的习题主要使用 SolidWorks 进行建模、生成爆炸图、剖视图，从而完成基于装配体三维模型的异维图。通过装配体异维图习题，进行建模与立体认知、拆装和部件（或机器）认知的大作业训练，培养学生的形象思维能力和计算机绘图能力。

　　本习题集的编排力求符合学习规律，由浅入深、由易到难、循序渐进，通过形体异维图的习题训练，较快地提高学生的空间思维能力和工程形体表达能力。所有题目图样全部采用最新制图国家标准，由计算机绘图软件精确绘制。

　　本习题集由河南理工大学白聿钦和莫亚林担任主编并进行统稿，编写人员具体分工如下：莫亚林编写第 1 章和模拟试卷，杜宝玉编写第 2 章，白聿钦编写第 3 章，胡爱军编写第 4 章，许幸新编写第 5 章并负责习题集的组织、修改和整理，曲海军编写第 6 章，段鹏编写第 7 章，侯守明编写第 8 章。

　　由于编者水平有限，书中难免存在疏漏和不足之处，恳请广大读者批评指正。

编　者

目　　录

1-1　字体练习

1234567890　1234567890　　1234567890　1234567890　　1234567890　1234567890

制图校核比例件数学院专业班级　　左右前后主俯仰侧视投影长宽高　　剖切断面局部旋转放大向视图形

透视毫米厘设计描共第张系中级　　尺寸内外厚薄轴测平立球环顶底　　高低分寸重件零装条件投影注明

ABCDEFGHIJKLMNOPQRSTUVWXYZØ　　ABCDEFGHIJKLMNOPQRSTUVWXYZØ　　abcdefghijklmnopqrstuvwxyz

密封环焊铆联结热处理弹簧镀铬　　零件钻角紧固技术要求未注均为　　名称序号材料备注装配示意展开

调质渗碳涂料滑板图号校核院系　　钢板铸铁青黄铜铝铅锌中心平行　　固定紧密松动滑块焊接转轴第张

专业及班级	姓名及学号	审阅	成绩

1. 在指定位置处，照样画出并补全各种图线和图形。

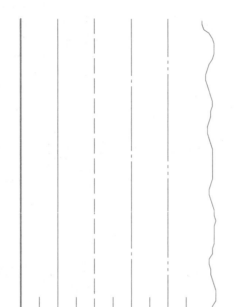
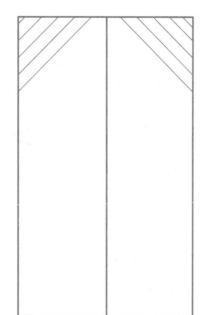
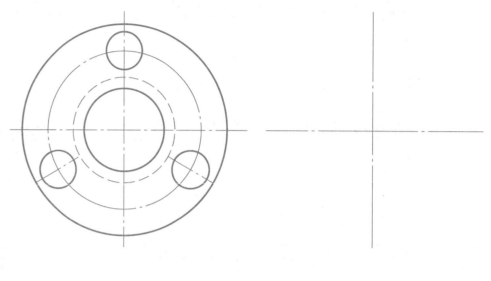

2. 注写尺寸：在给定的尺寸线上画出箭头，填写尺寸数字或角度数字（数值从图中按 1:1 的比例直接量取，并取整数）。

（1）

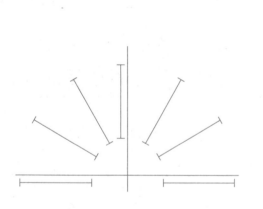

（2）

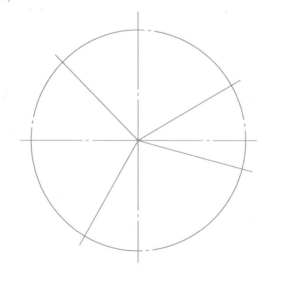

3. 在下列图形中标注箭头和尺寸数值（数值从图中按 1:1 的比例直接量取，并取整数）。

（1）

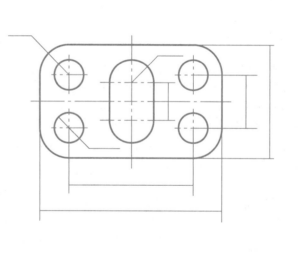

（2）

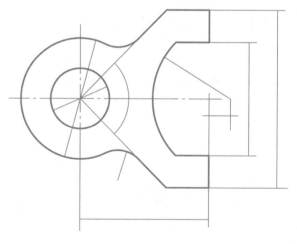

专业及班级		姓名及学号		审阅		成绩	

1-3　几何作图及平面图形画法

1. 参照下面所示图形，用 1:2 的比例在指定位置处画出图形的轮廓并标注尺寸。

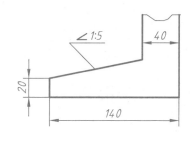

2. 参照下图所示图形，用 1:1 的比例在指定位置处画出图形的轮廓并标注尺寸。

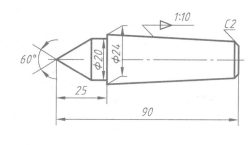

3. 已知椭圆长轴为 70mm，短轴为 50mm，用四心圆弧法按 1:1 的比例画出该椭圆。

4. 画正多边形。

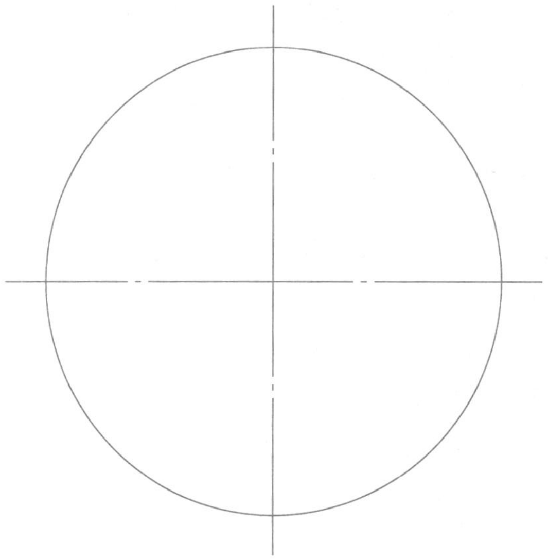

（正六边形）

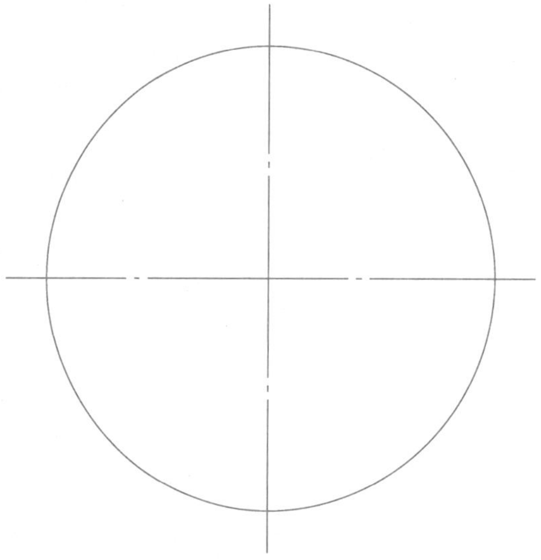

（正五边形）

5. 按下图中的尺寸在指定位置处绘出图形，不标注尺寸。

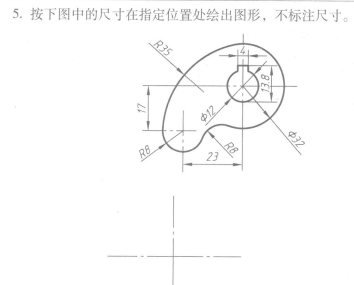

专业及班级		姓名及学号		审阅		成绩	

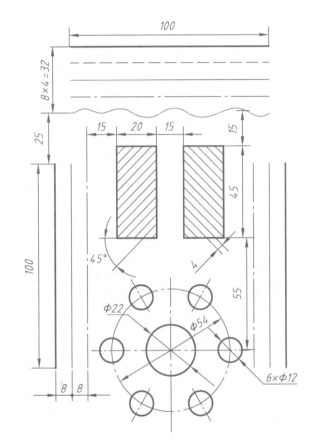

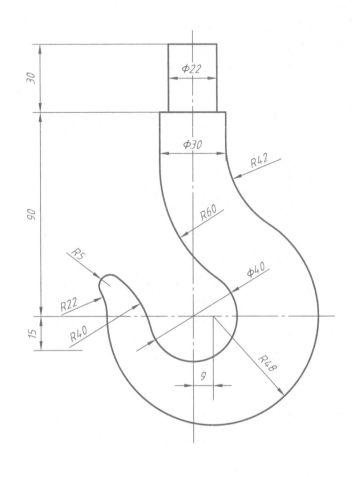

作 业 指 导

1. 目的与要求

（1）目的 初步掌握国家标准《机械制图》的有关内容，学会绘图工具的使用方法。

（2）要求 图形正确，布局适当，线型清晰，粗细分明，字体工整，连接光滑，图面整洁。

2. 作业内容

抄画左边图形（线型部分不注尺寸，圆弧连接注尺寸）。

3. 图名、图纸幅面、比例及图号

（1）图名 基本练习。

（2）图纸幅面 A3 图纸。

（3）比例 1:1。

（4）图号 0101。

4. 绘图注意事项

（1）绘图前的注意事项 绘图前应对所画图形仔细分析研究，确定正确的绘图步骤，特别要注意零件轮廓线上圆弧连接的各切点及圆心位置的绘图方法，在图面布置时还应考虑预留标注尺寸的位置。

（2）线型 粗实线宽度为 0.7～0.9mm；细虚线及细实线宽度为粗实线的 1/2；细虚线长度约 4mm，间隙 1mm；细点画线长度约 15～20mm，间隙及点共约 3mm。

（3）字体 图中的汉字均写成长仿宋体，作业用简化标题栏内图名及图号为 10 号字，校名为 7 号字，姓名写在"制图"栏内，用 5 号字。

（4）箭头 宽约 0.7～0.9mm，长为宽的 6 倍左右。

（5）绘图后的注意事项 经仔细校核后方可加深，用铅笔加深时，圆规的铅芯应比画直线的铅笔芯软一号。

制图	（签名）	（日期）	重量		材料	
描图			（校名、专业、班级、学号）			
审核						

（图名）		比例		（图号）	
		件数			

专业及班级		姓名及学号		审阅		成绩	

1. 在方格纸上徒手绘制下列图形。

2. 按照图中尺寸绘制出平面图形。

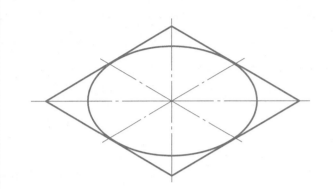

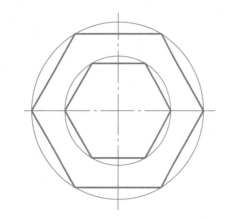

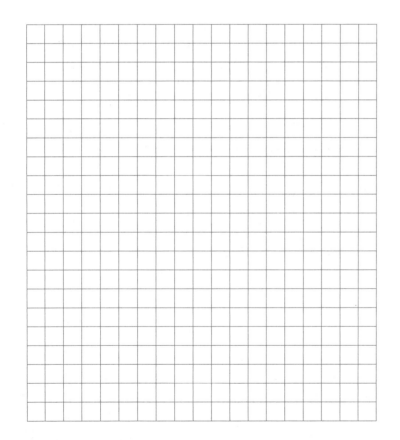

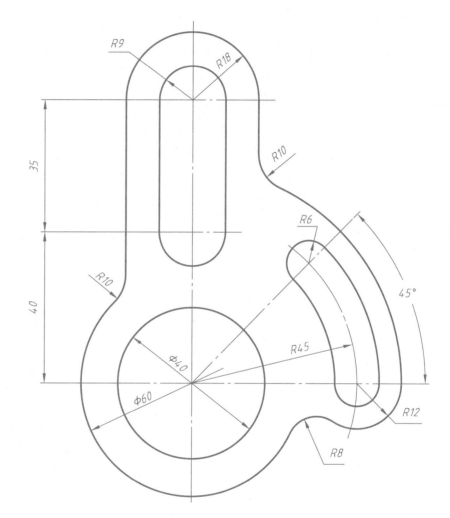

专业及班级		姓名及学号		审阅		成绩	

第 2 章　投影基础

2-1　三面投影图

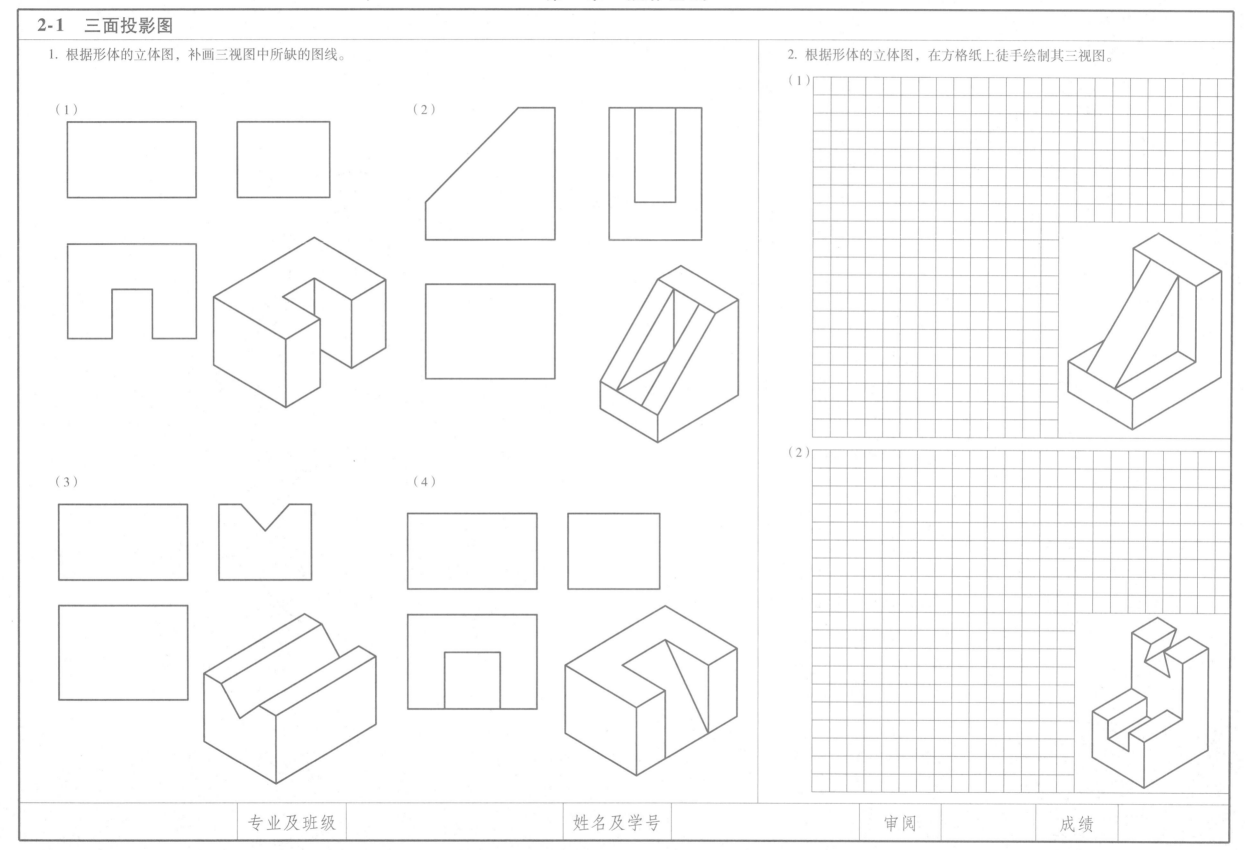

1. 根据形体的立体图，补画三视图中所缺的图线。

（1）

（2）

（3）

（4）

2. 根据形体的立体图，在方格纸上徒手绘制其三视图。

（1）

（2）

专业及班级		姓名及学号		审阅	成绩

1. 已知各点的两面投影，画出第三面投影。

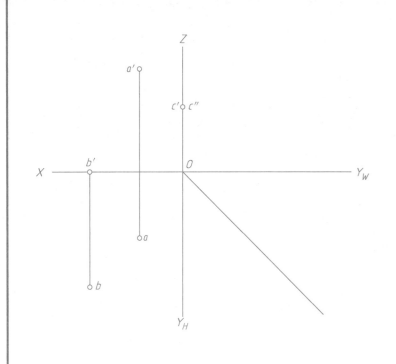

2. 按照立体图画出两点 *A*、*B* 的三面投影（坐标值按照 1:1 的比例直接从图中量取）。

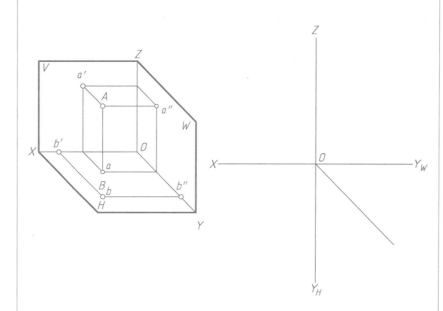

3. 求各点的第三面投影，并比较其相对位置。

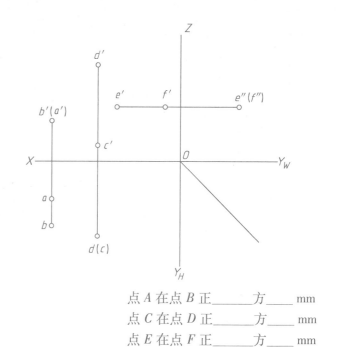

点 *A* 在点 *B* 正_____方_____mm
点 *C* 在点 *D* 正_____方_____mm
点 *E* 在点 *F* 正_____方_____mm

4. 根据点的相对位置画出 *B*、*C* 两点的投影，并判别重影点的可见性。

1）点 *B* 在点 *A* 的左方 20mm、前方 10mm、下方 15mm。

2）点 *C* 在点 *A* 的正右方 12mm。

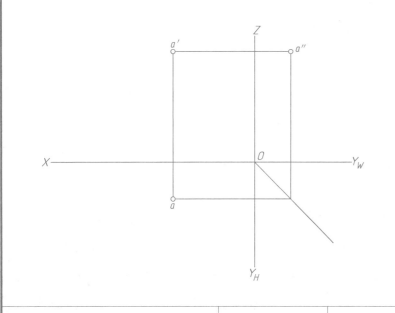

5. 已知点 *A* 的坐标为（10，5，20），点 *B* 在点 *A* 的左方 10mm、后方 5mm、下方 10mm，点 *C* 在点 *A* 的正下方 5mm，分别画出 *A*、*B*、*C* 三点的三个投影，并画出它们的立体图。

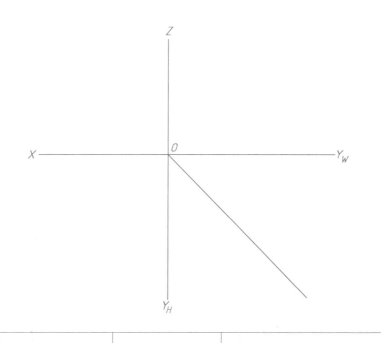

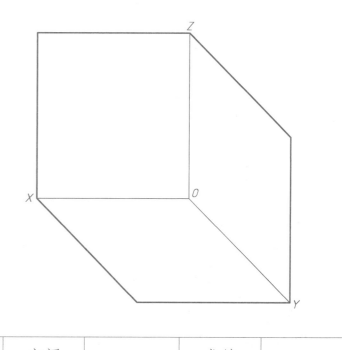

专业及班级		姓名及学号		审阅		成绩	

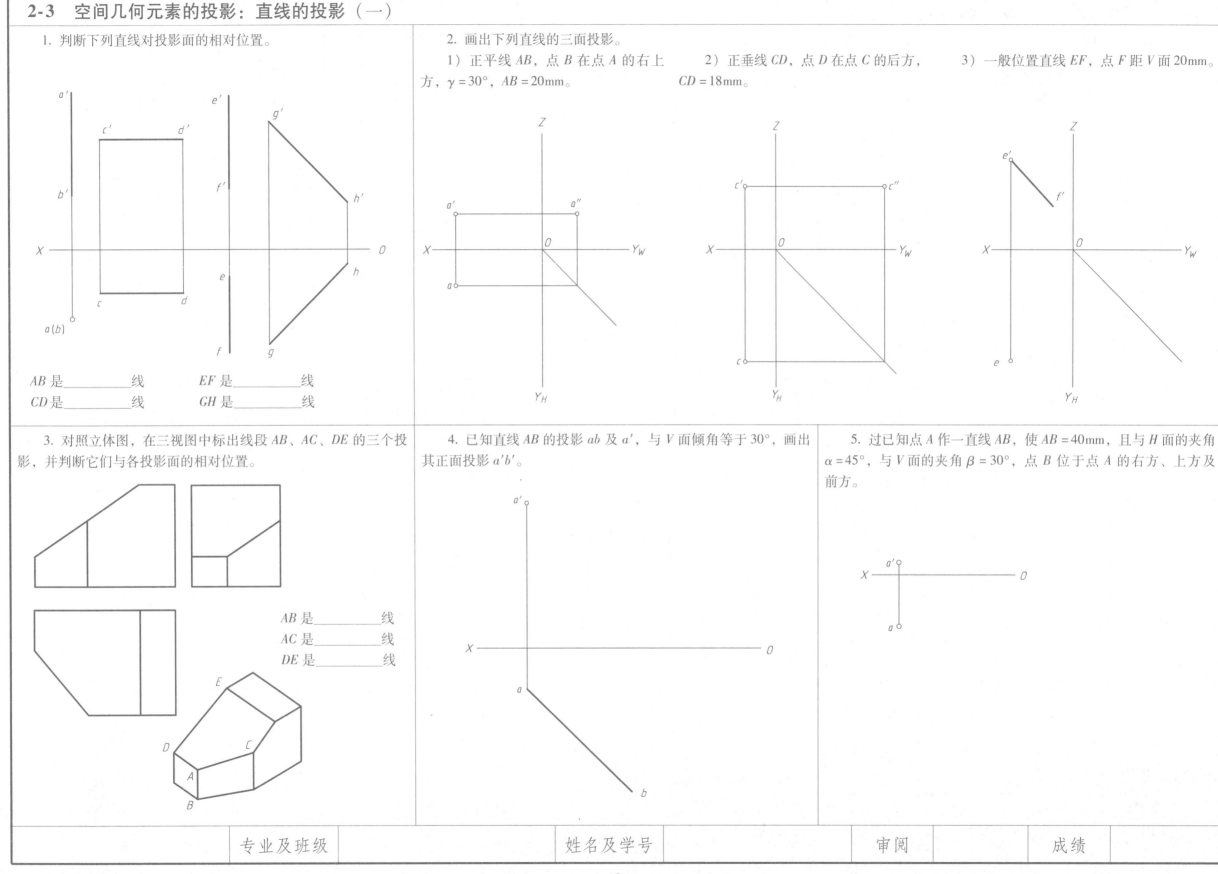

1. 判断下列直线对投影面的相对位置。

AB 是_____线   EF 是_____线
CD 是_____线   GH 是_____线

2. 画出下列直线的三面投影。

1）正平线 AB，点 B 在点 A 的右上方，$\gamma = 30°$，AB = 20mm。

2）正垂线 CD，点 D 在点 C 的后方，CD = 18mm。

3）一般位置直线 EF，点 F 距 V 面 20mm。

3. 对照立体图，在三视图中标出线段 AB、AC、DE 的三个投影，并判断它们与各投影面的相对位置。

AB 是_____线
AC 是_____线
DE 是_____线

4. 已知直线 AB 的投影 ab 及 a'，与 V 面倾角等于 30°，画出其正面投影 a'b'。

5. 过已知点 A 作一直线 AB，使 AB = 40mm，且与 H 面的夹角 $\alpha = 45°$，与 V 面的夹角 $\beta = 30°$，点 B 位于点 A 的右方、上方及前方。

专业及班级		姓名及学号		审阅		成绩	

1. 在直线 AB 上取一点 K，使 AK:KB = 3:2；在直线 CD 上取一点 E，使 CE:ED = 2:1。

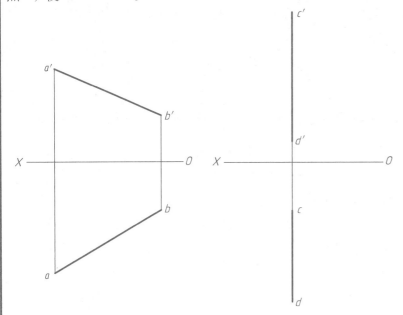

2. 判断两直线 AB、CD 的相对位置（平行、相交或交叉）。

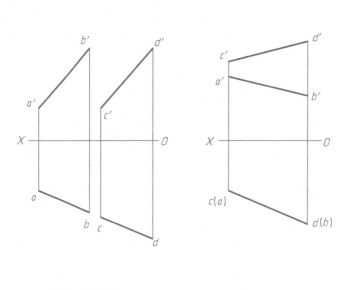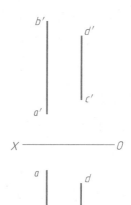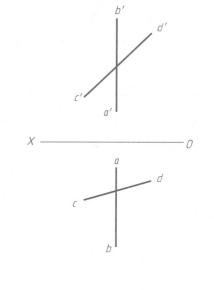

3. 作一正平线 MN，使其与已知直线 AB、CD 和 EF 均相交。

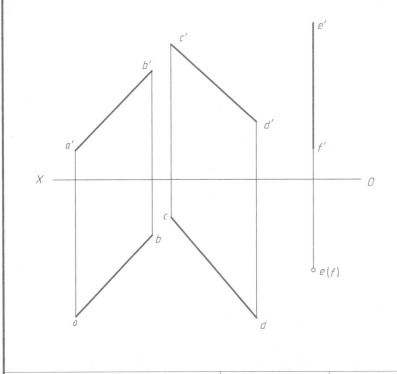

4. 作交叉直线 AB、CD 的公垂线 EF，分别与 AB、CD 交于 E、F，并标明 AB、CD 间的真实距离。

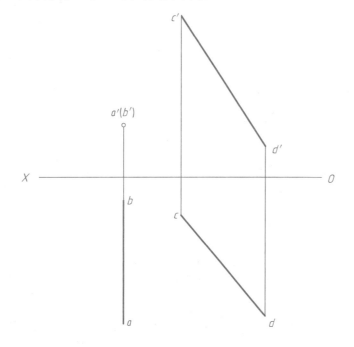

5. 已知等腰△ABC 的底边 BC 属于 MN（MN // V 面），三角形的高 AD = BC，试画出三角形的投影。

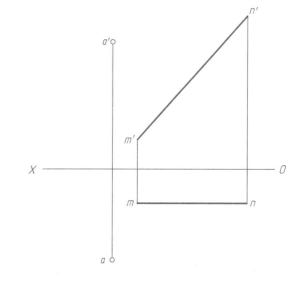

专业及班级		姓名及学号		审阅		成绩	

1. 已知平面的两面投影，判断平面与投影面的相对位置。

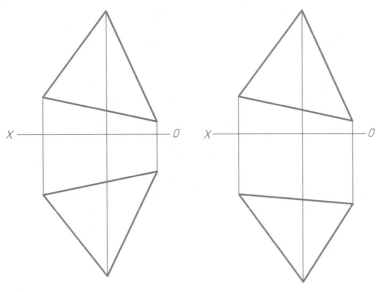 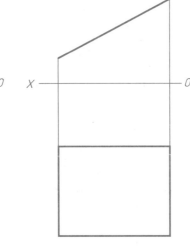 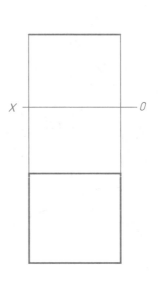

三角形是_____面　　　三角形是_____面　　　四边形是_____面　　　四边形是_____面

2. 作平面图形的侧面投影。

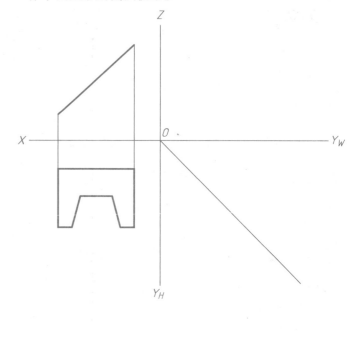

3. 已知正方形 ABCD 的一条对角线 AC 的两面投影，另一条对角线 BD 为正平线，作出该正方形的两面投影。

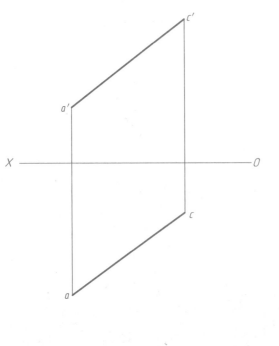

4. 在三视图中标出平面 P、Q 的第三面投影，并在立体图中标出它们的位置，然后写出两平面的名称和它们与各投影面的相对位置。

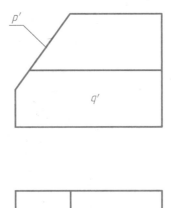 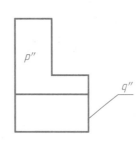 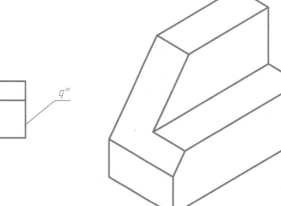

P 是_____面，Q 是_____面

P：_____V 面、_____H 面、_____W 面

Q：_____V 面、_____H 面、_____W 面

专业及班级		姓名及学号		审阅		成绩	

1. 点 *K* 在平面 *ABC* 上，求点 *K* 的水平投影。

(1)　　　　(2)

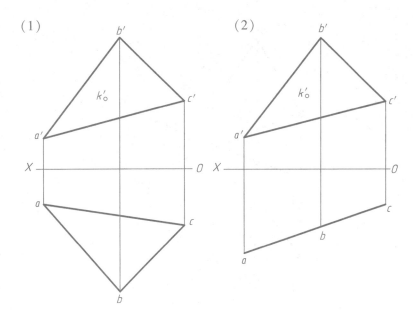

2. 作平面 *ABC* 上图形 *DEF* 的水平投影。

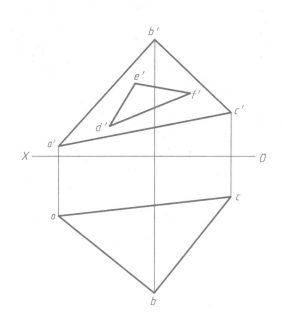

3. 判断直线 *AB* 是否平行于平面 *DEF*。

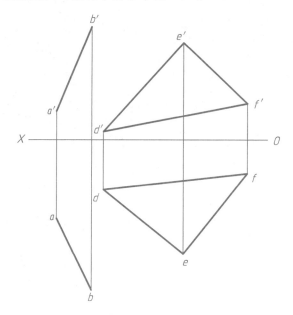

4. 过点 *A* 作直线 *AB* 平行于平面 *EFG*，且与 *CD* 相交于点 *B*。

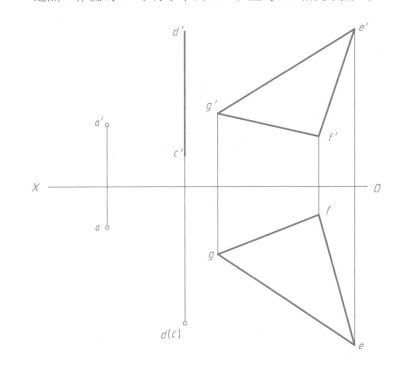

5. 作直线 *AB* 与平面 *CDEF* 的交点 *K*，并判断直线的可见性。

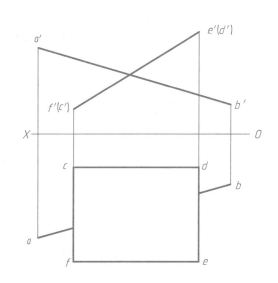

6. 作直线 *AB* 与平面 *CDE* 的交点 *K*，并判断直线的可见性。

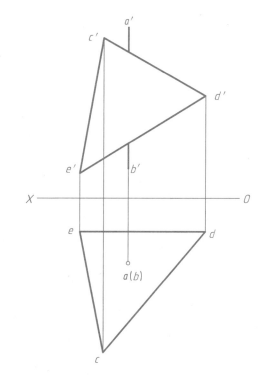

专业及班级		姓名及学号		审阅		成绩	

1. 过点 A 作一平面与已知平面 DEF 平行。

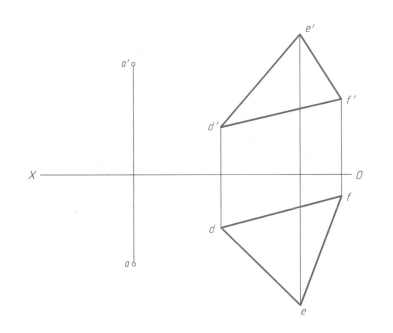

2. 作三角形 ABC 与铅垂圆的交线，并判断可见性。

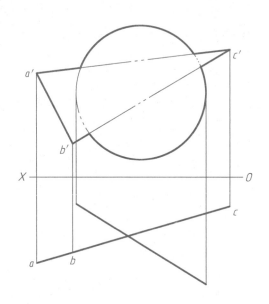

3. 作平面 ABC 与平面 DEF 的交线，完成正面投影，并判断可见性。

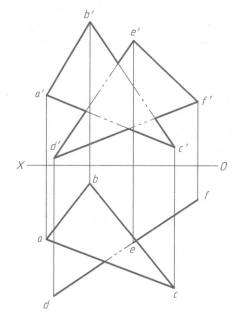

4. 过点 A 作平面平行于直线 MN 并垂直于平面 DEF。

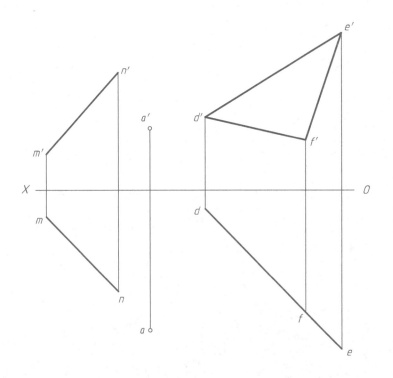

5. 已知平面立体中平面 A、B、C 的一个投影，求它们的其他两个投影，并判断各平面之间的相对位置。

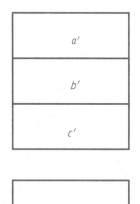
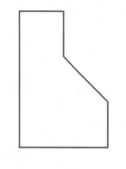

平面 A 与平面 B：_____

平面 B 与平面 C：_____

平面 A 与平面 C：_____

平面 C 在平面 A 的_____方向

专业及班级		姓名及学号		审阅		成绩	

1. 用换面法求线段 AB 的实长及其对 V 面的倾角。

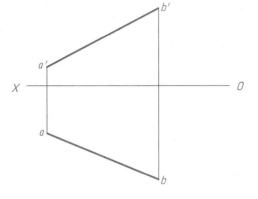

2. 已知直线 AB = 40mm，完成 AB 的水平投影。

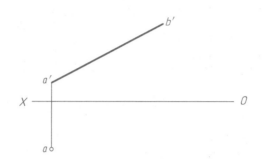

3. 用换面法求直线 MN 与平面 ABC 的交点，并判断可见性。

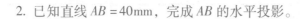

4. 在直线 AB 上求一点 C，使其到点 E、F 的距离相等。

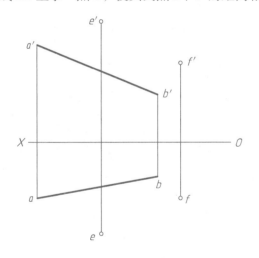

5. 求三角形 ABC 的实形。

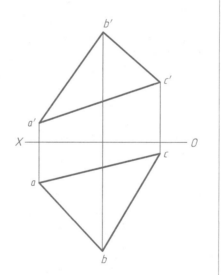

6. 求两平行直线 AB、CD 之间的距离。

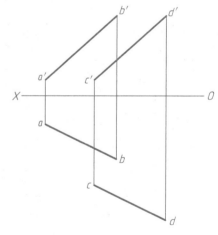

专业及班级		姓名及学号		审阅		成绩	

3-1　平面立体、曲面立体及其投影

求作下列立体及其表面上点的三面投影。

（1）

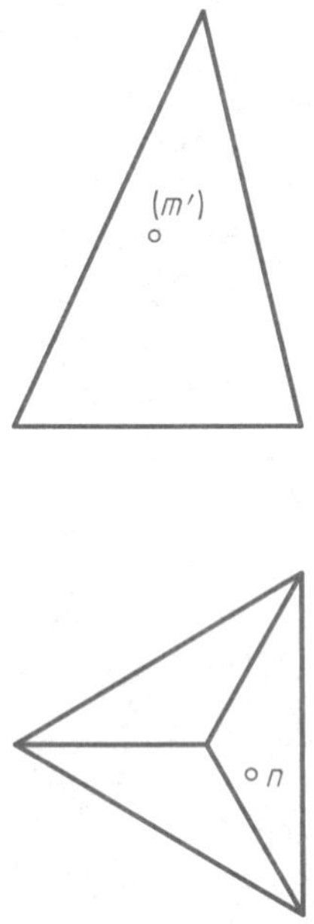

（2）

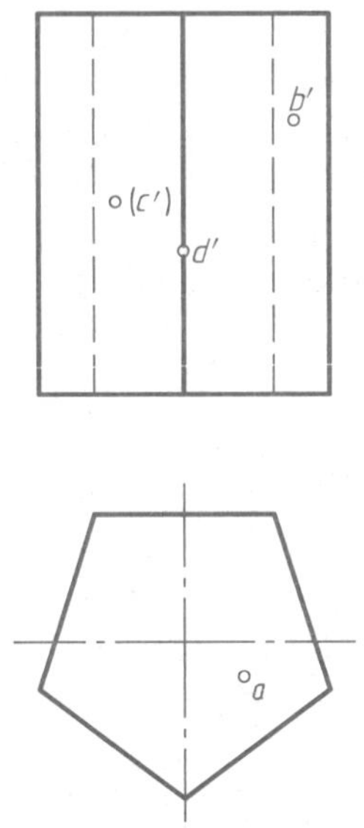

（3）

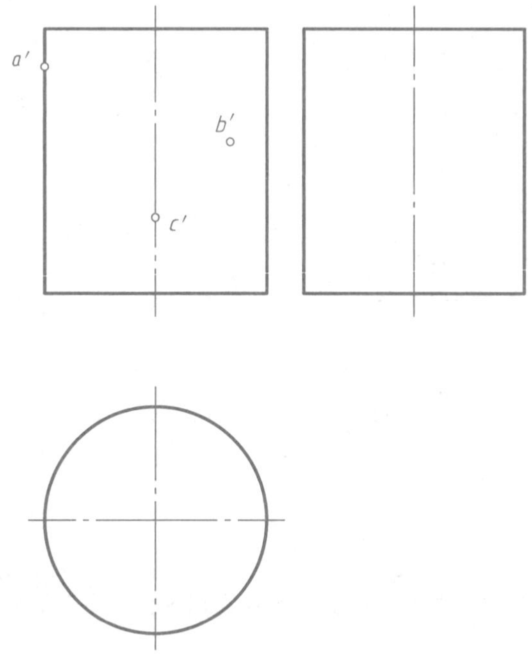

（4）

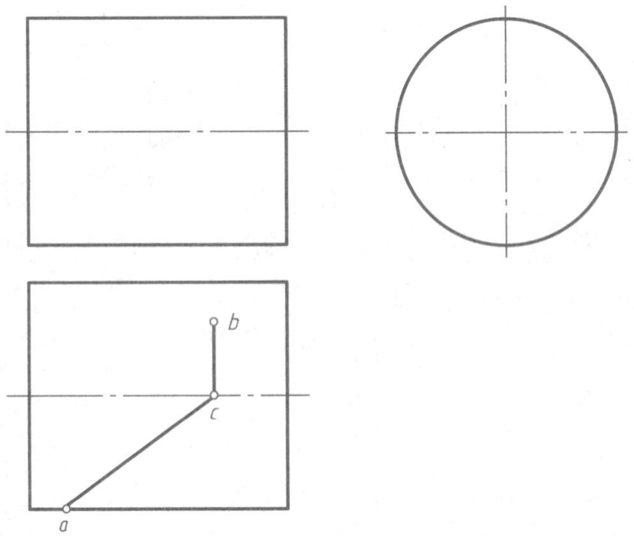

（5）

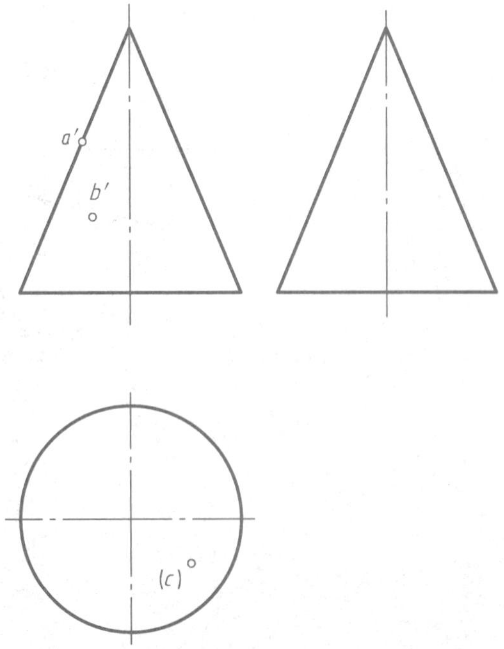

（6）

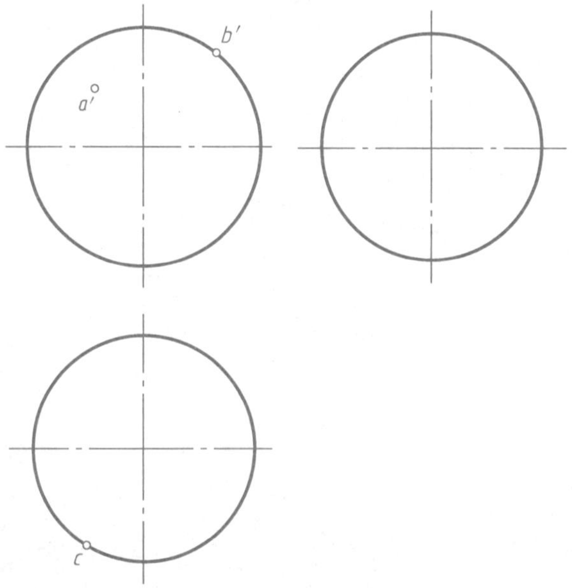

| 专业及班级 | | 姓名及学号 | | 审阅 | | 成绩 | |

1. 完成下列平面立体截断体的三视图。

（1）

（2）

（3）

（4）

2. 完成下列曲面立体截断体的三视图。

（1）

（2）

（3）

（4）

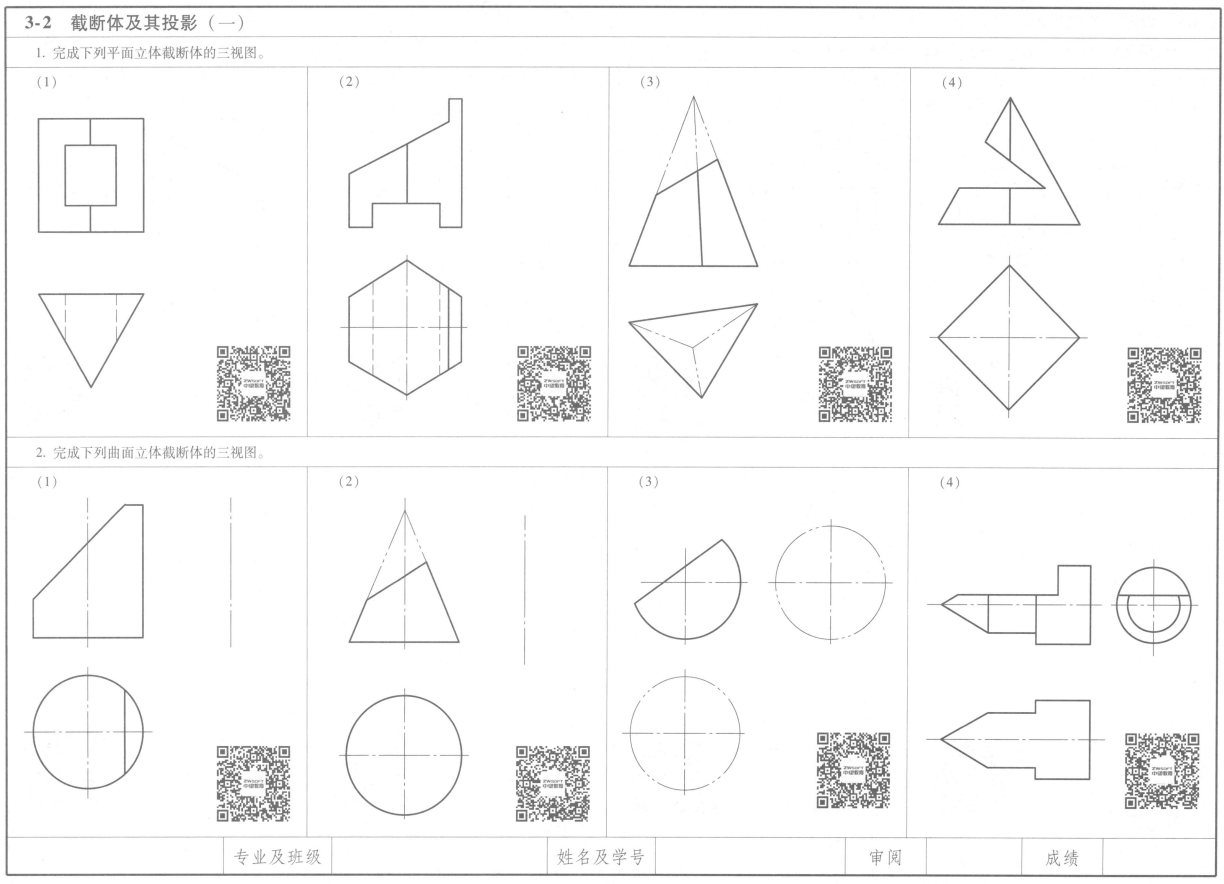

专业及班级		姓名及学号		审阅		成绩	

读懂下列截断体的视图，完成其三视图，并对带 * 的题目利用三维软件创建三维模型。

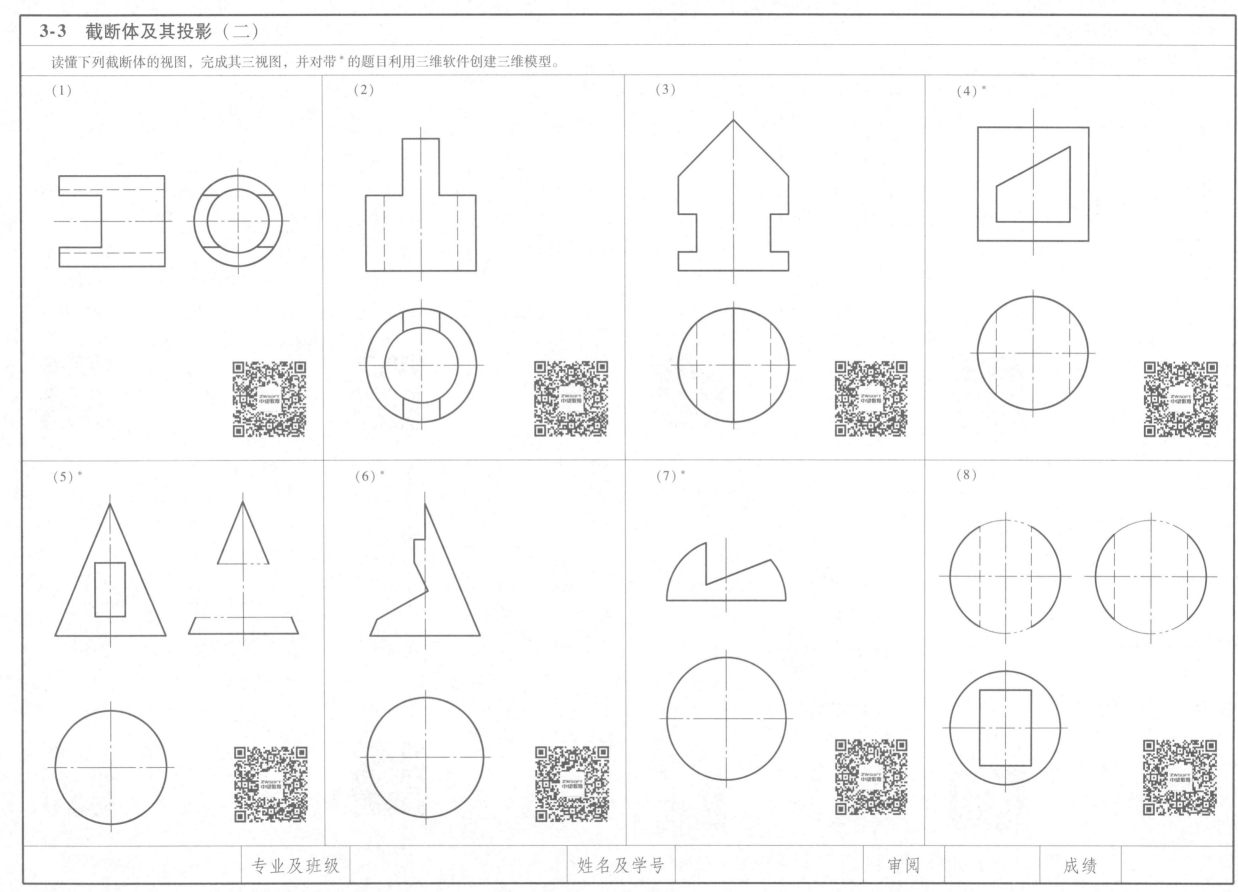

（1）

（2）

（3）

（4）*

（5）*

（6）*

（7）*

（8）

| 专业及班级 | | 姓名及学号 | | 审阅 | | 成绩 | |

完成下列截断体的三面投影。

（1）

（2）

（3）

（4）

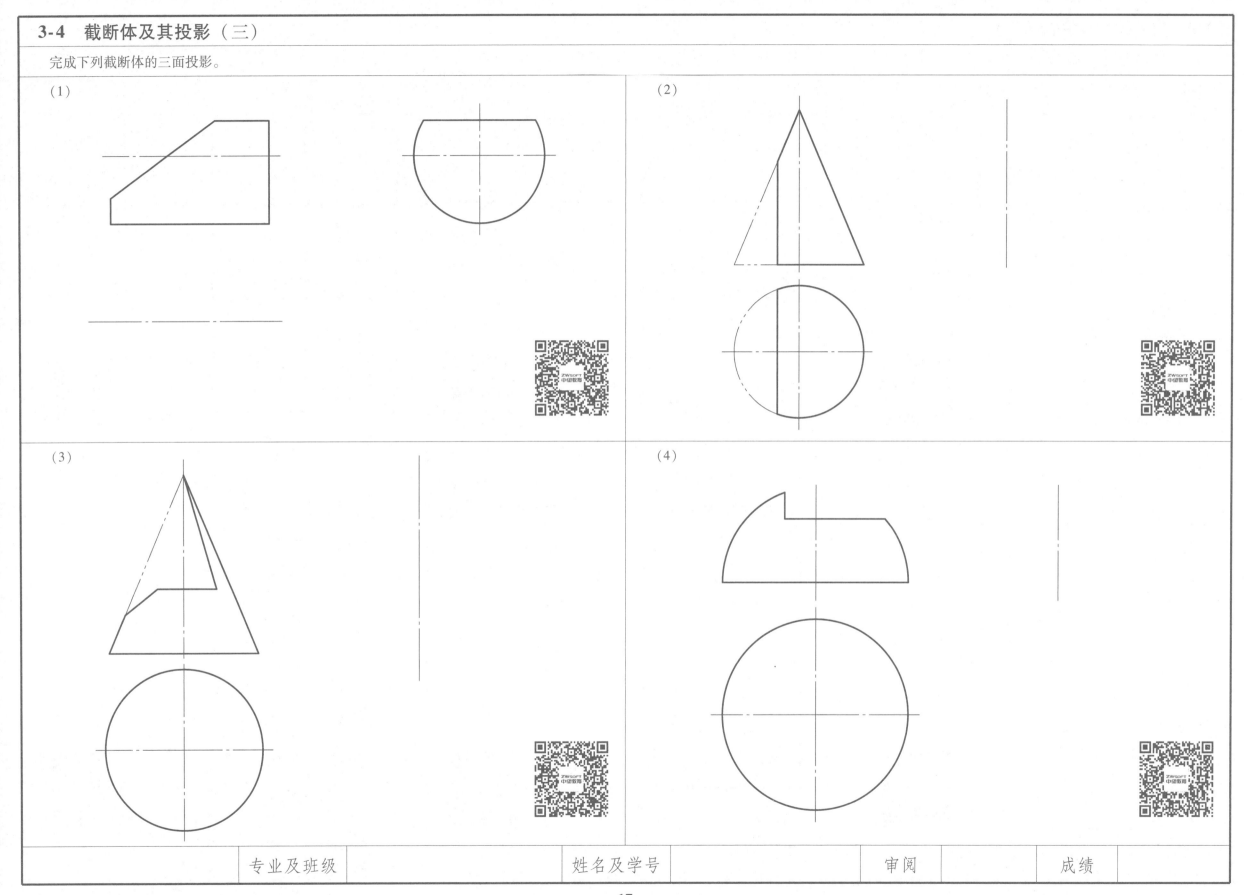

专业及班级		姓名及学号		审阅		成绩	

完成下列相贯体的三面投影。

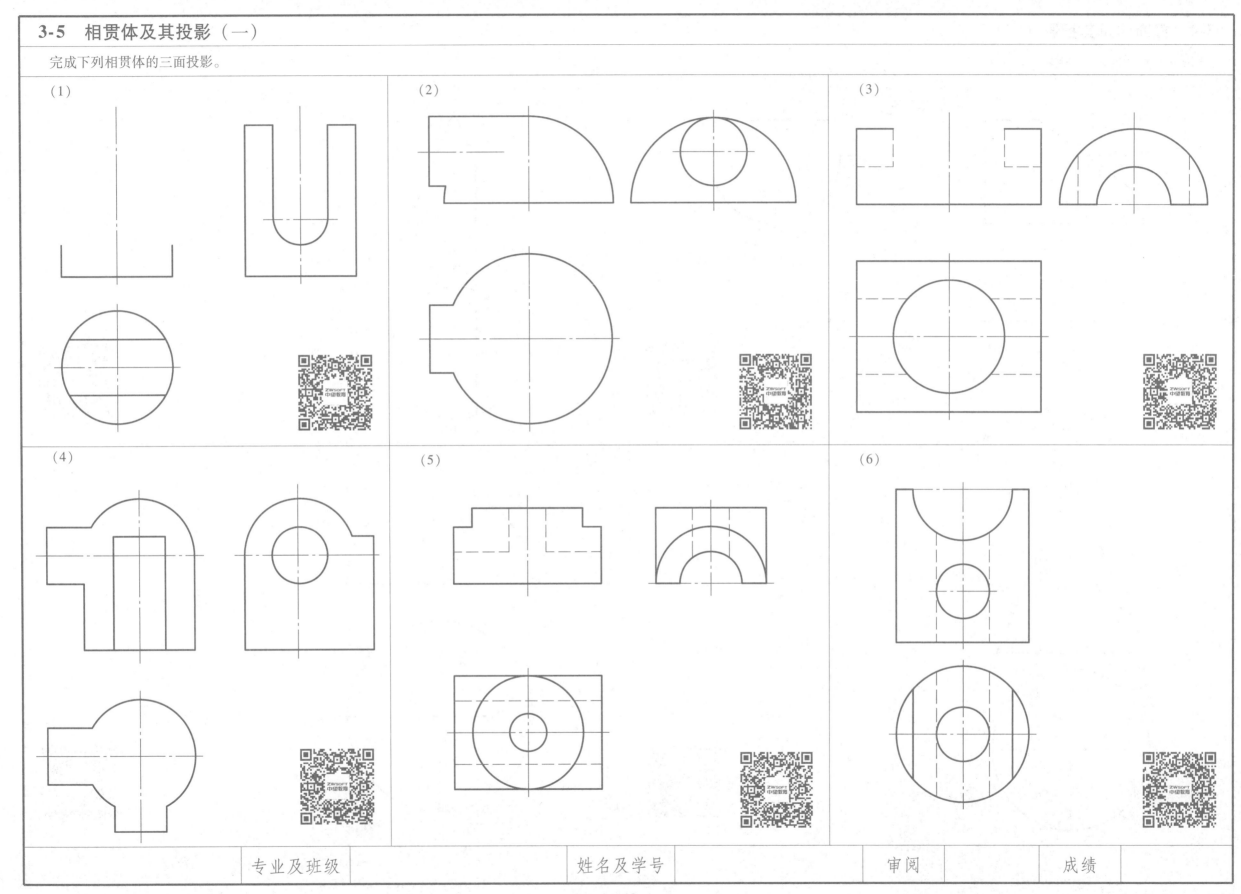

（1）

（2）

（3）

（4）

（5）

（6）

| 专业及班级 | | 姓名及学号 | | 审阅 | | 成绩 | |

完成下列相贯体的三面投影，并对带*的题目利用三维软件创建三维模型。

（1）

（2）

（3）*

（4）*

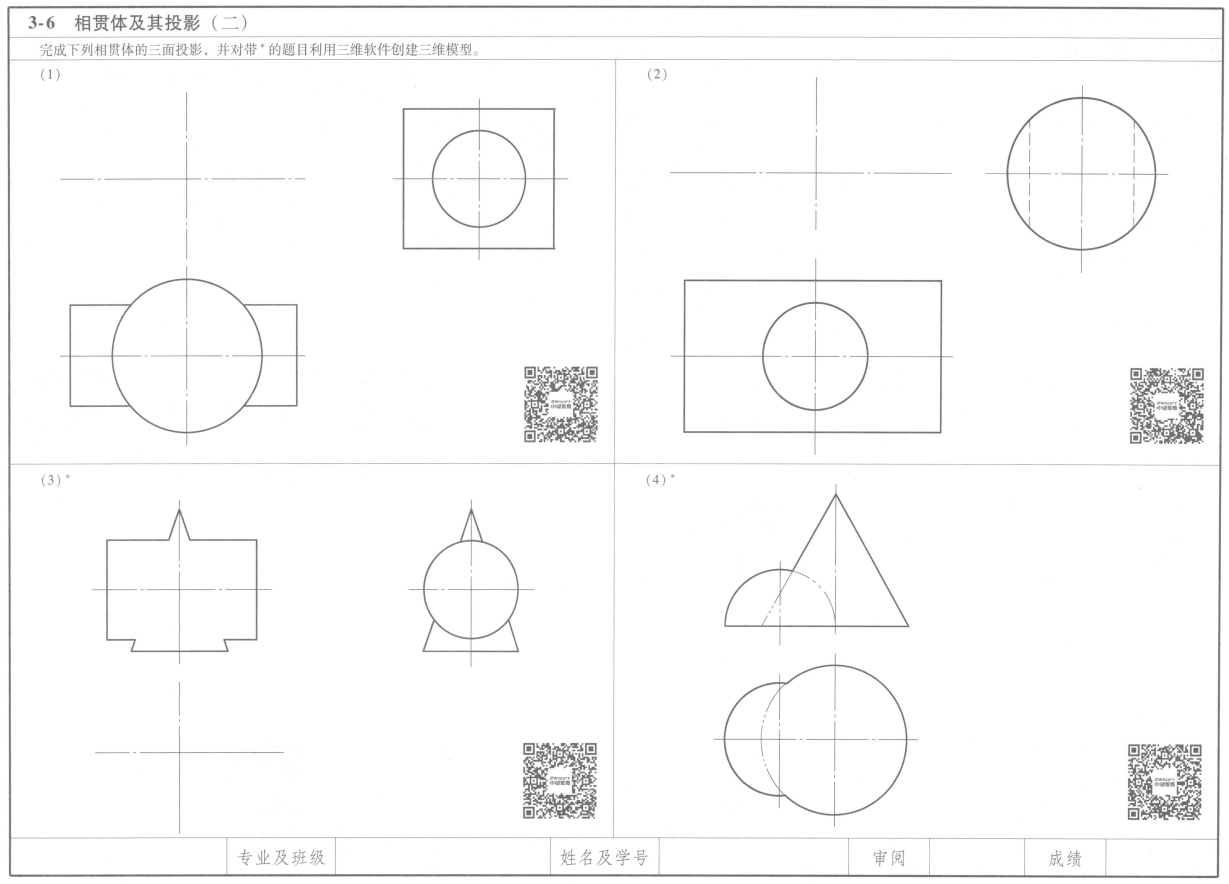

专业及班级		姓名及学号		审阅		成绩	

在下列相贯体的已知投影图上，补作相贯线的投影。

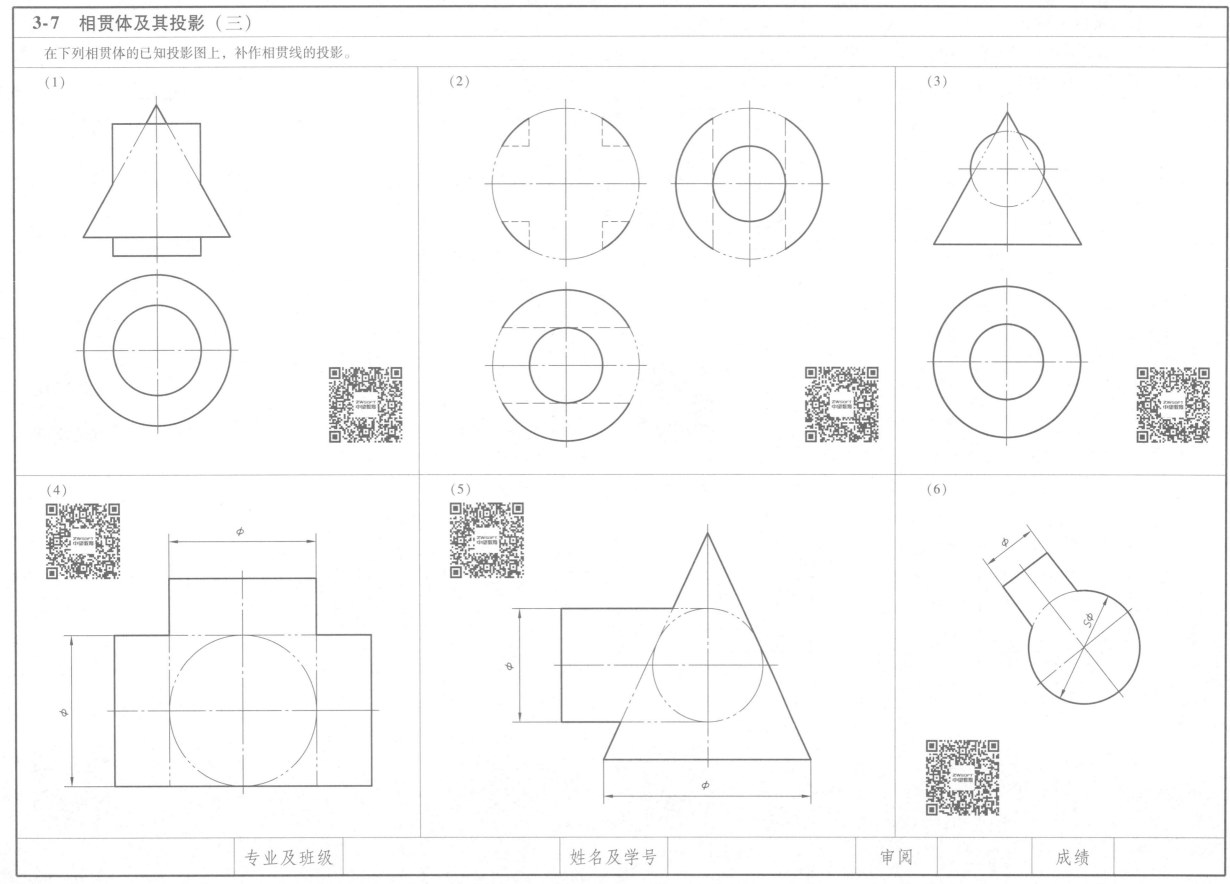

（1）

（2）

（3）

（4）

（5）

（6）

| 专业及班级 | | 姓名及学号 | | 审阅 | | 成绩 | |

4-1 组合体的构成（一）

观察各形体的立体图，找出与其相对应的视图，在视图的圆圈内填写对应的序号。

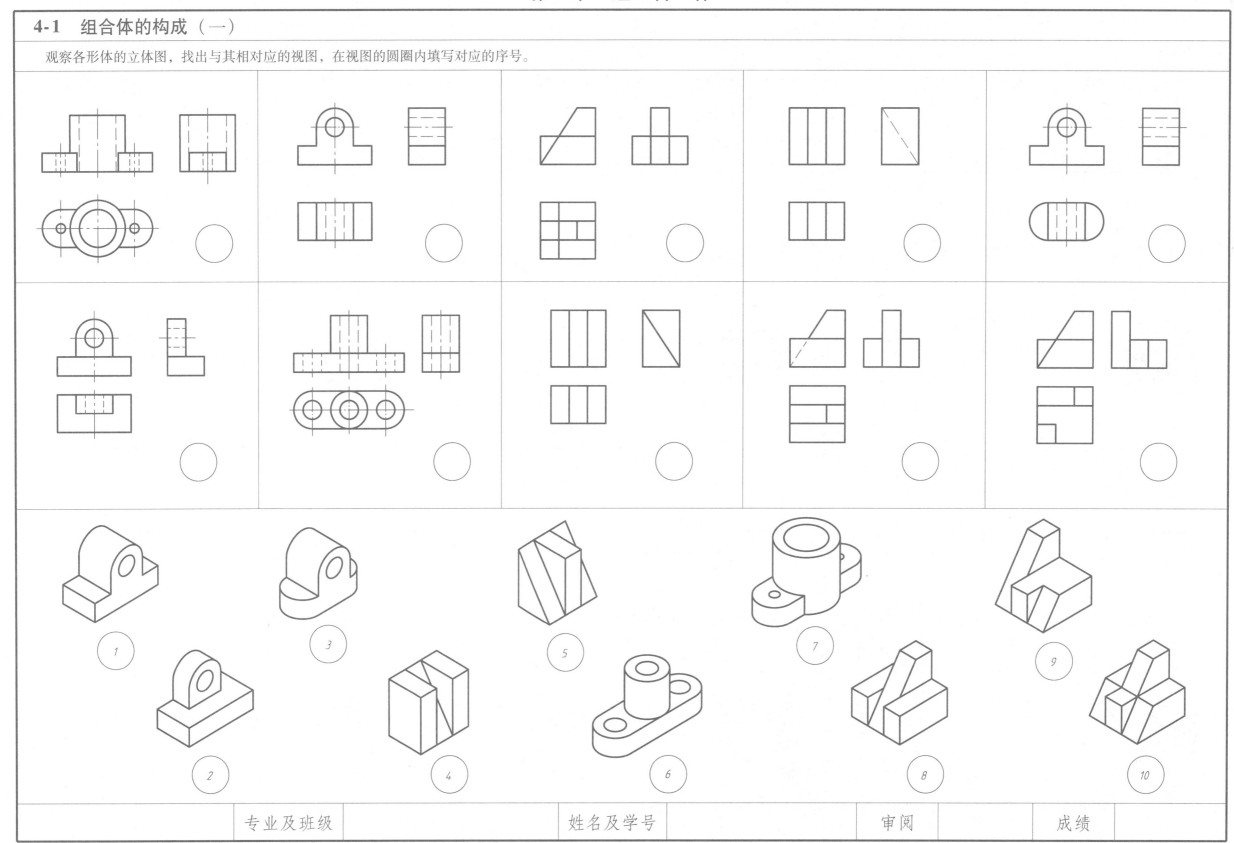

| 专业及班级 | | 姓名及学号 | | 审阅 | | 成绩 | |

根据组合体的立体图，补画视图中所缺的图线。

（1）

（2）

（3）

（4）

（5）

（6）

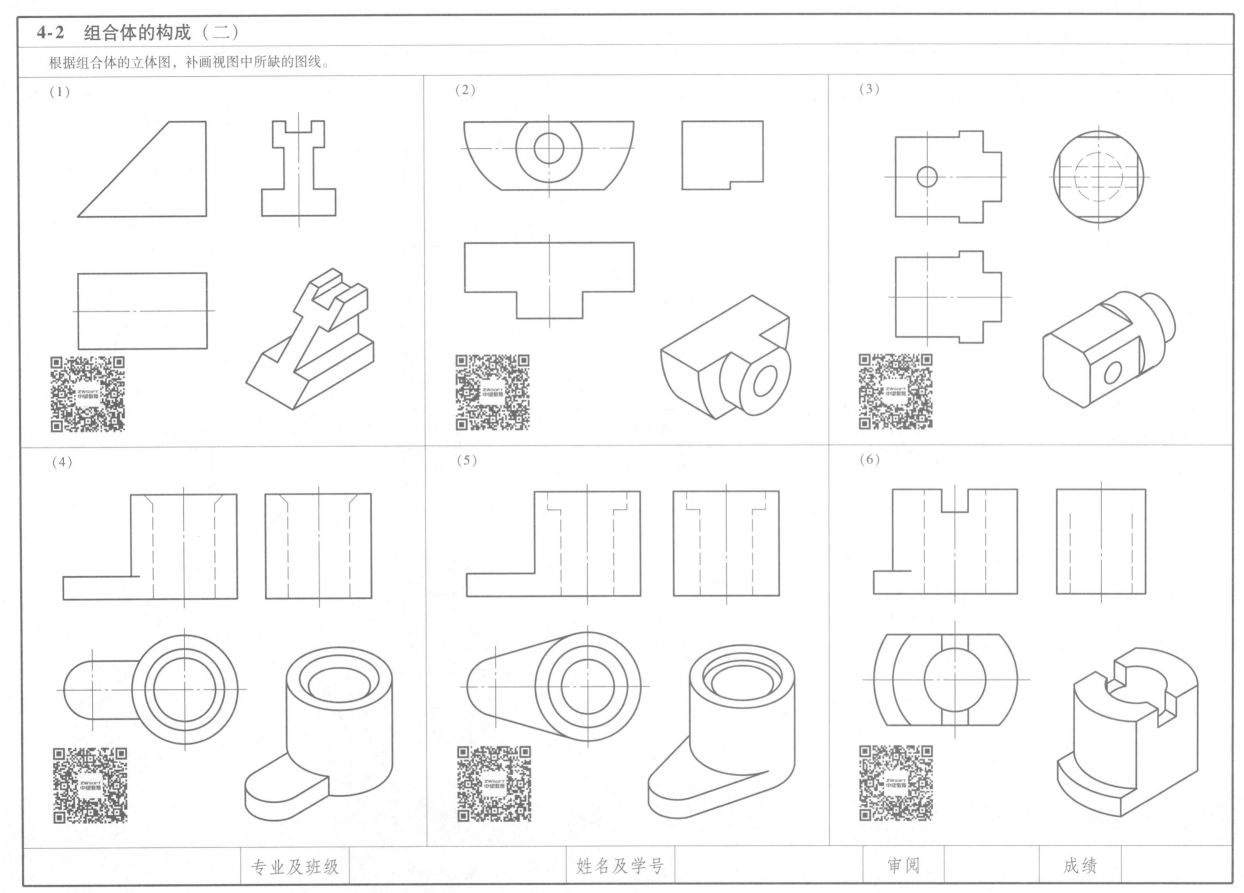

专业及班级		姓名及学号		审阅		成绩	

4-3 组合体的画图（一）

根据所给组合体的立体图，利用尺规绘制其三视图（比例1:1）。

(1)

(2)

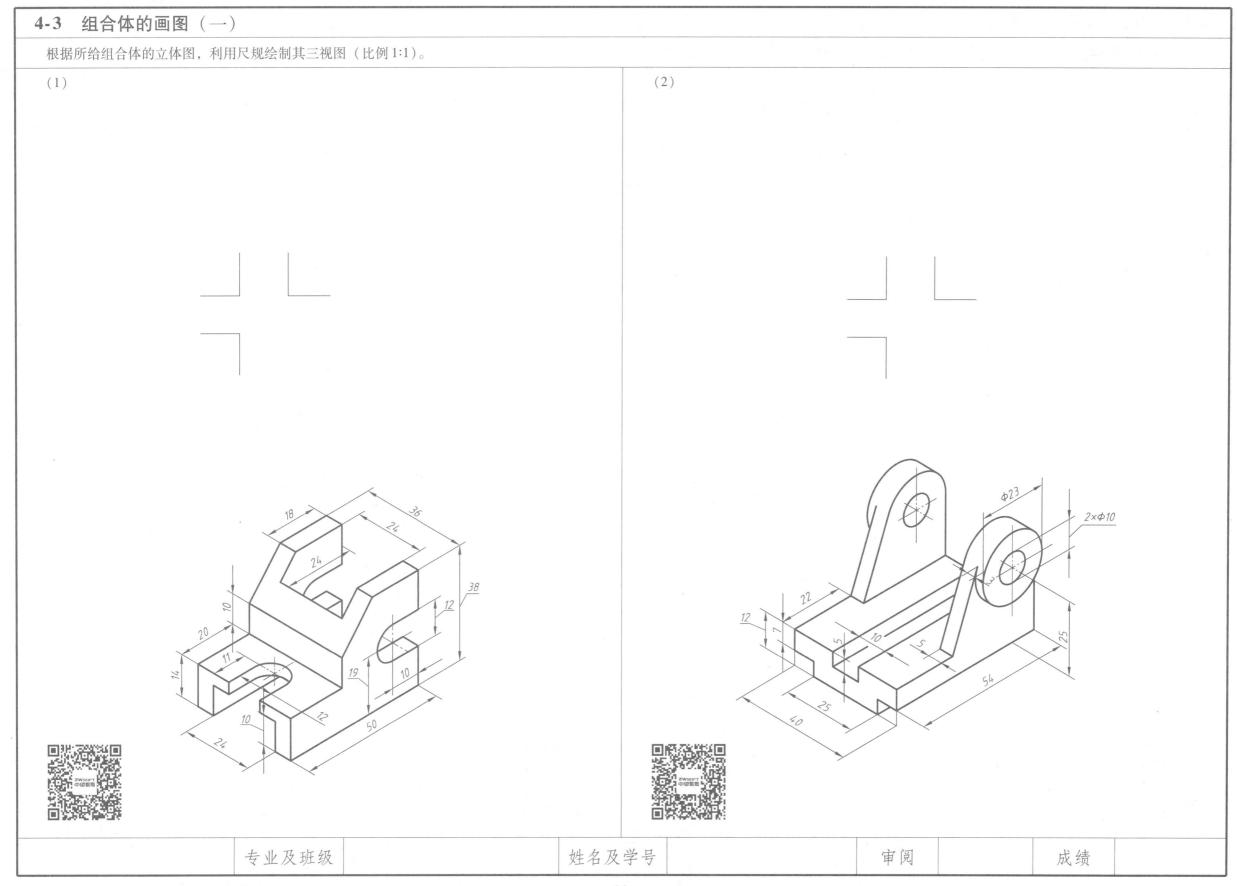

专业及班级		姓名及学号		审阅		成绩	

* 根据所给组合体的立体图，利用三维软件创建组合体的三维模型，并生成其三视图（比例1:1）。

（1）

（2）

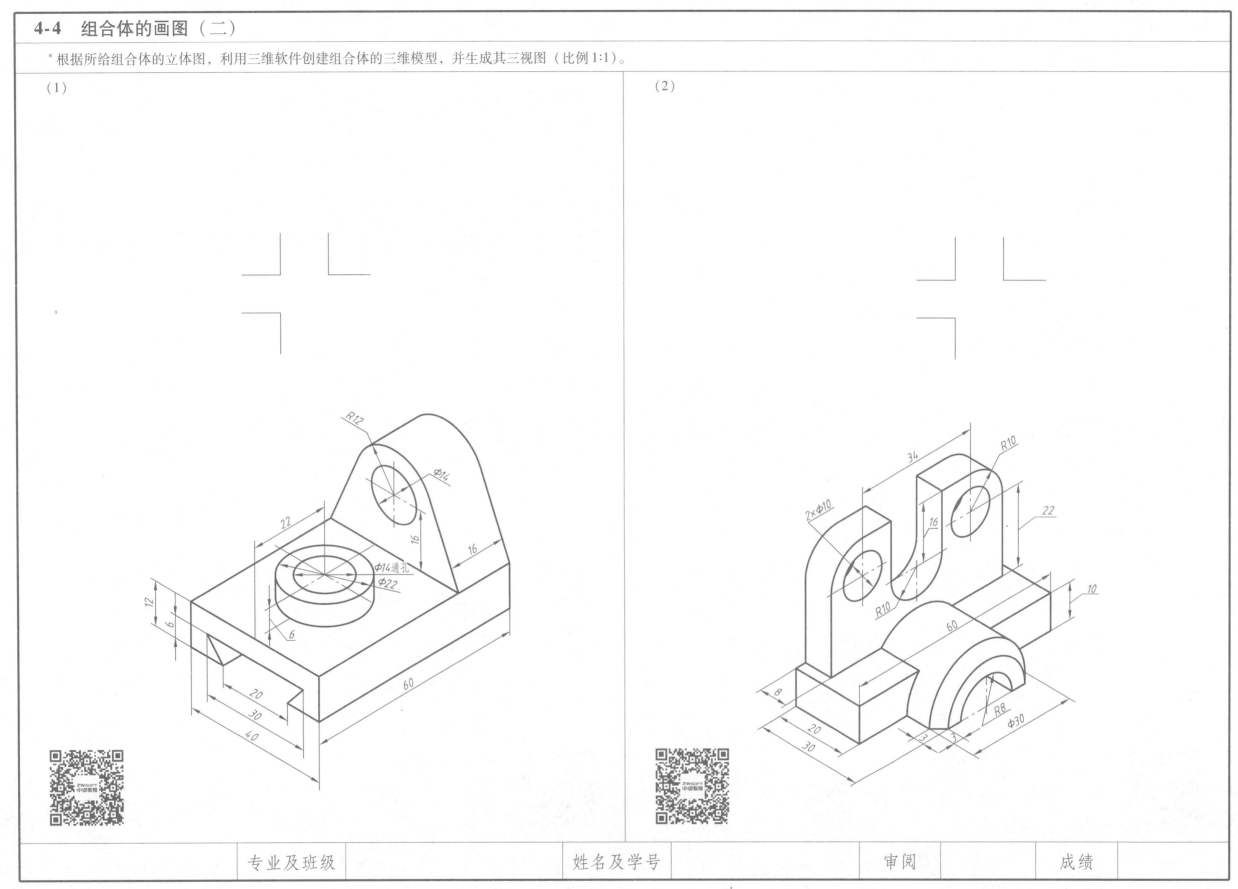

专业及班级		姓名及学号		审阅		成绩	

根据组合体的立体图，徒手绘制其三视图。

（1）

（2）

（3）

（4）

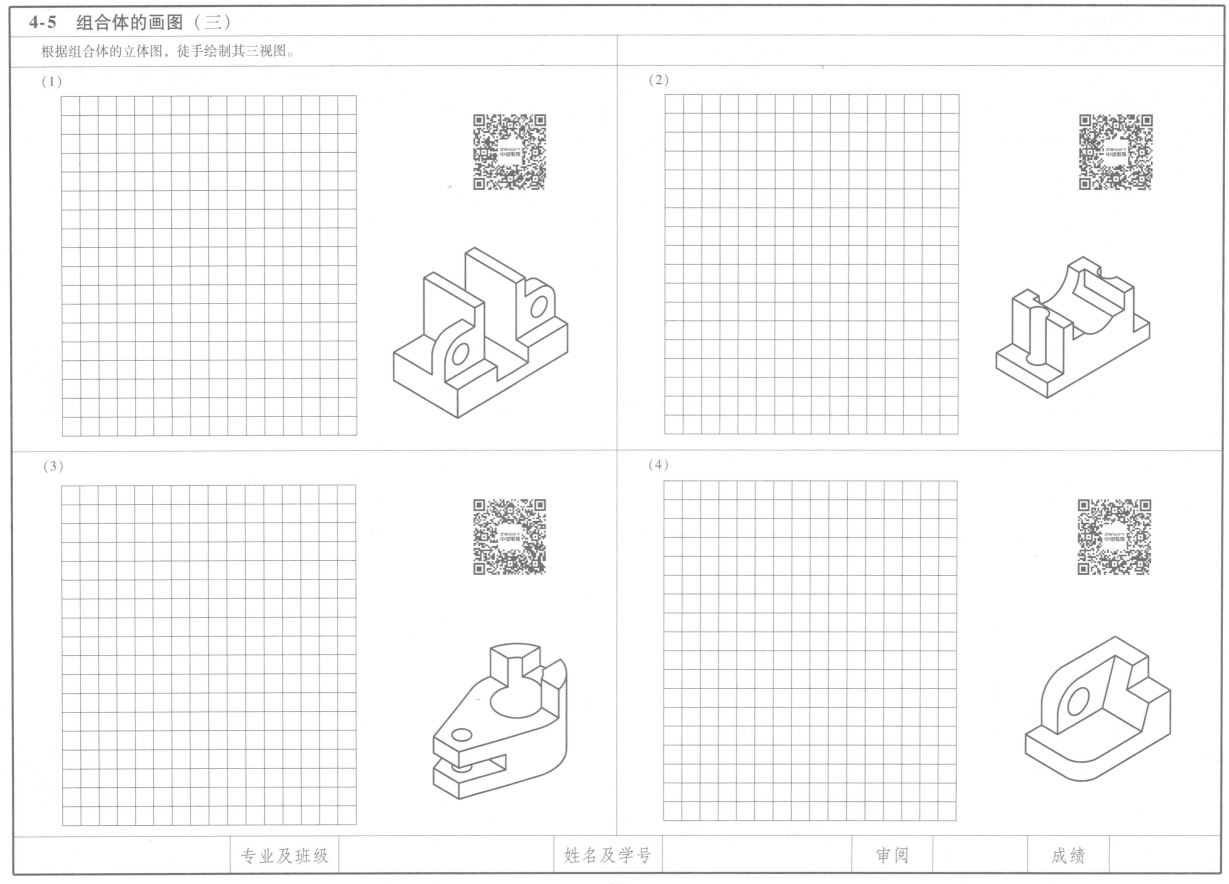

| 专业及班级 | 姓名及学号 | 审阅 | 成绩 |

补画组合体的第三视图。

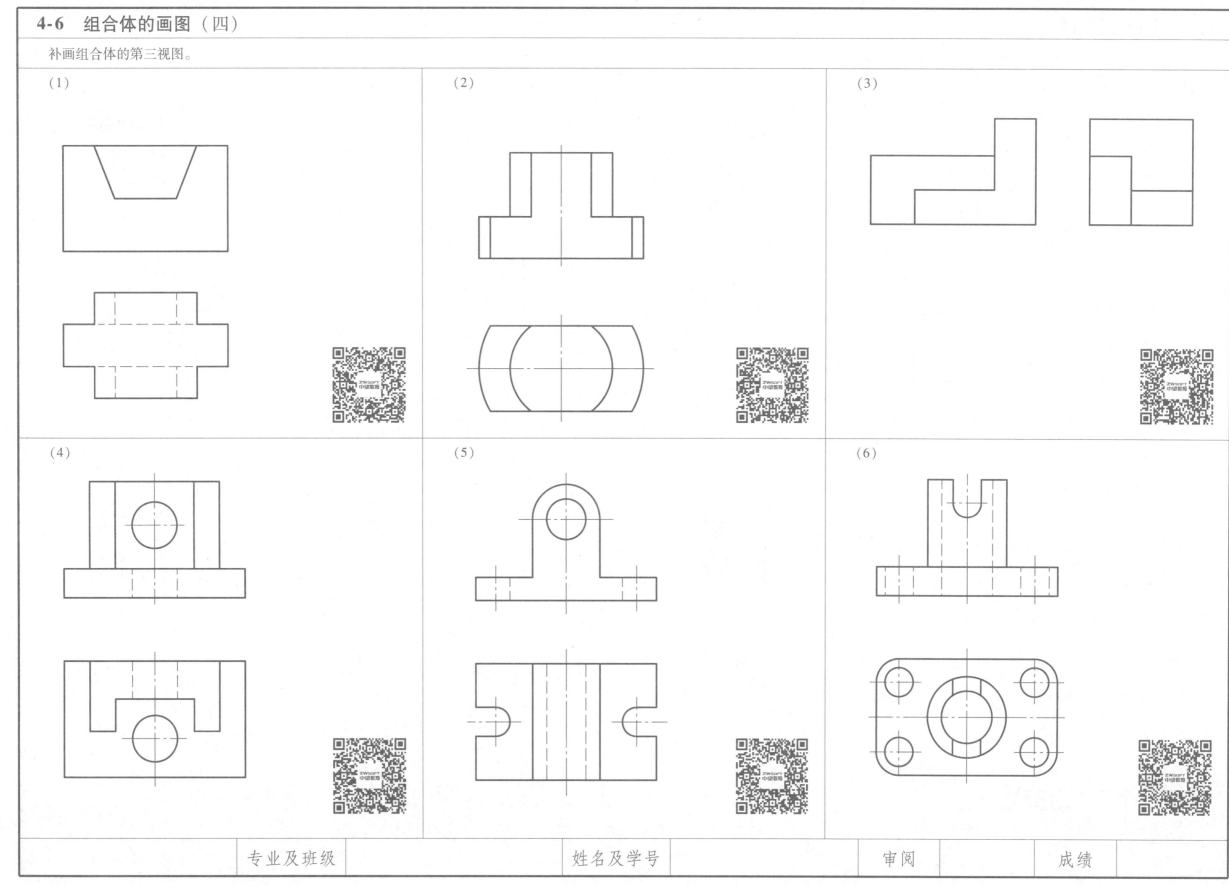

（1）　　　　　　　　　（2）　　　　　　　　　（3）

（4）　　　　　　　　　（5）　　　　　　　　　（6）

专业及班级		姓名及学号		审阅		成绩	

补画组合体的第三视图。

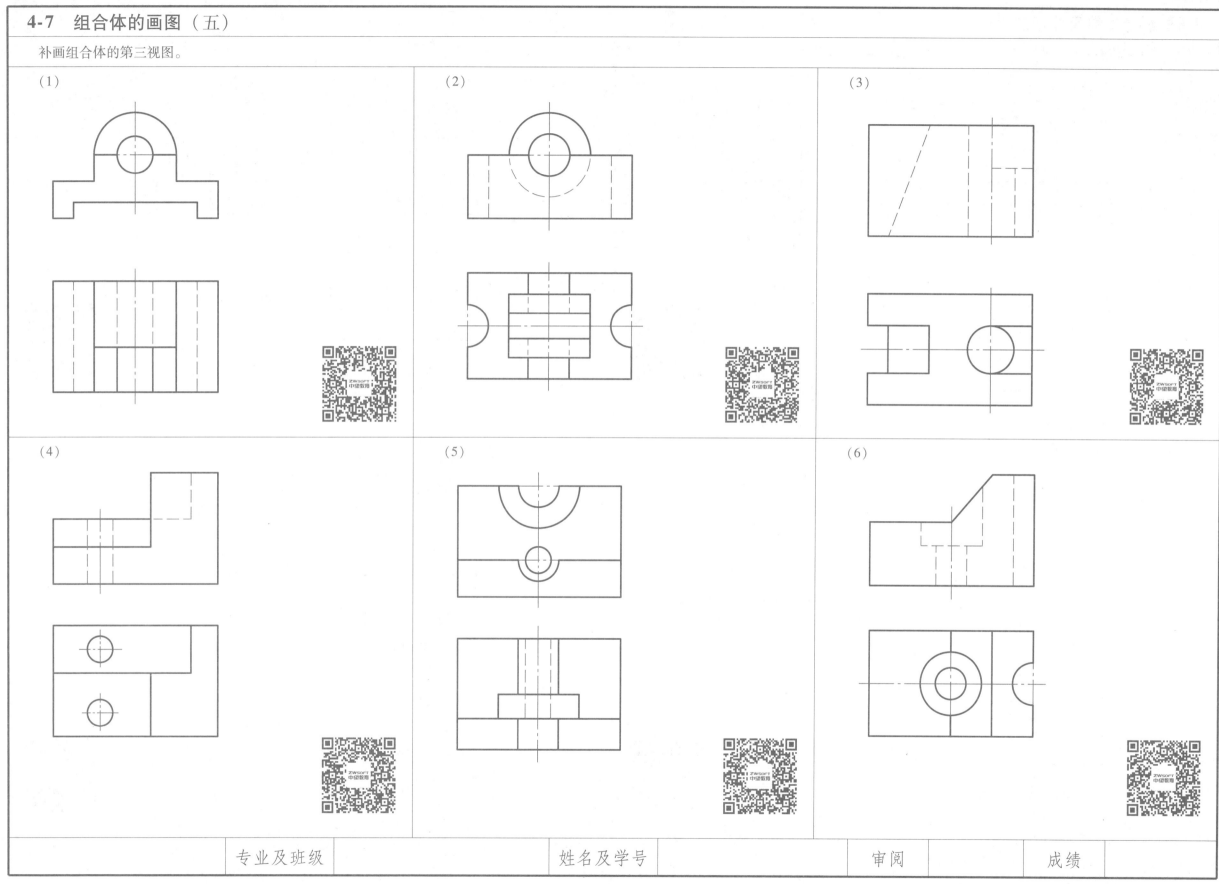

专业及班级		姓名及学号		审阅		成绩	

4-8 组合体的尺寸标注（一）

1. 标注组合体的尺寸，尺寸数值从图中按 1:1 的比例量取并取整数。

（1）

（2）

2. 补全三视图中所缺的尺寸，尺寸数值从图中按 1:1 的比例量取并取整数。

（1）缺 6 个尺寸

（2）缺 4 个尺寸

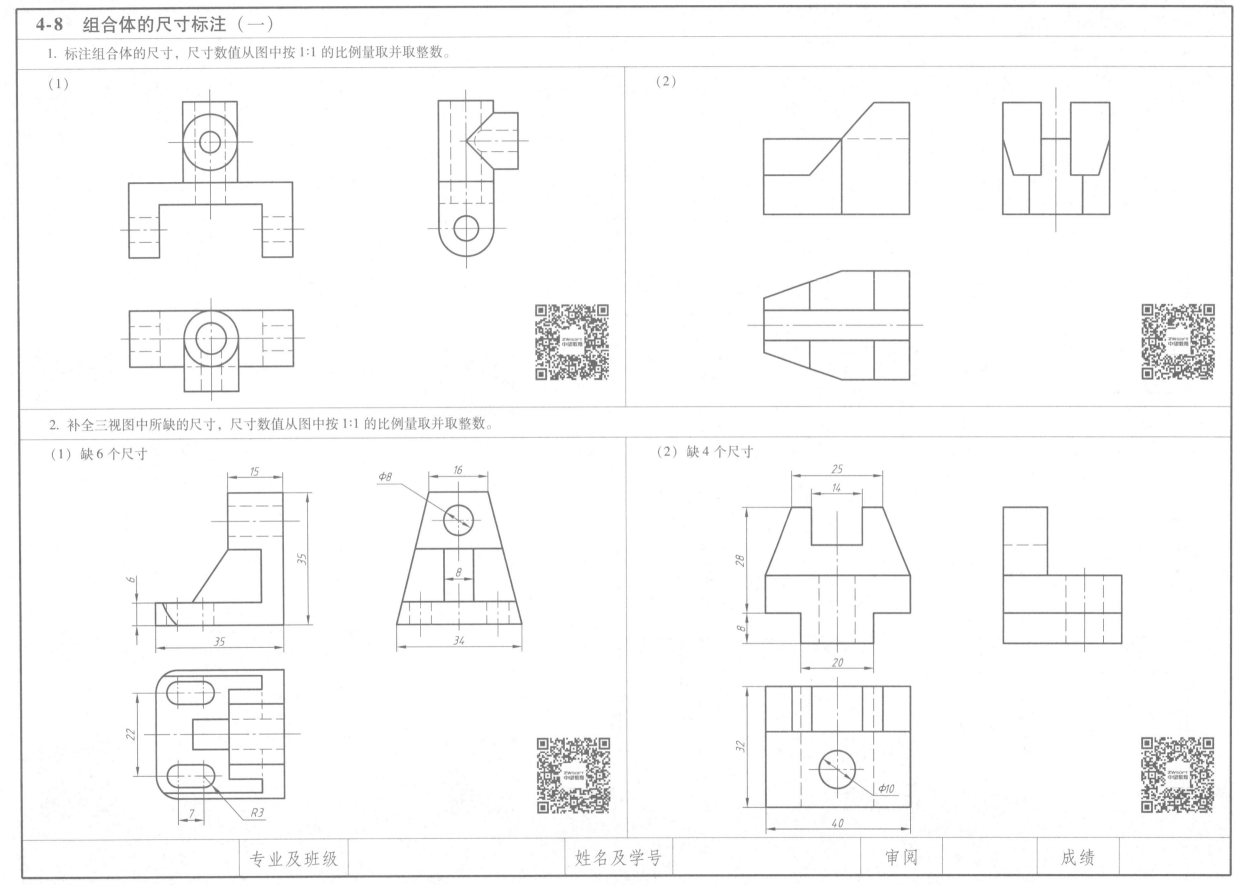

专业及班级		姓名及学号		审阅		成绩	

补画组合体左视图并标注尺寸，尺寸数值从图中按 1:1 的比例量取并取整数。

（1）

（2）

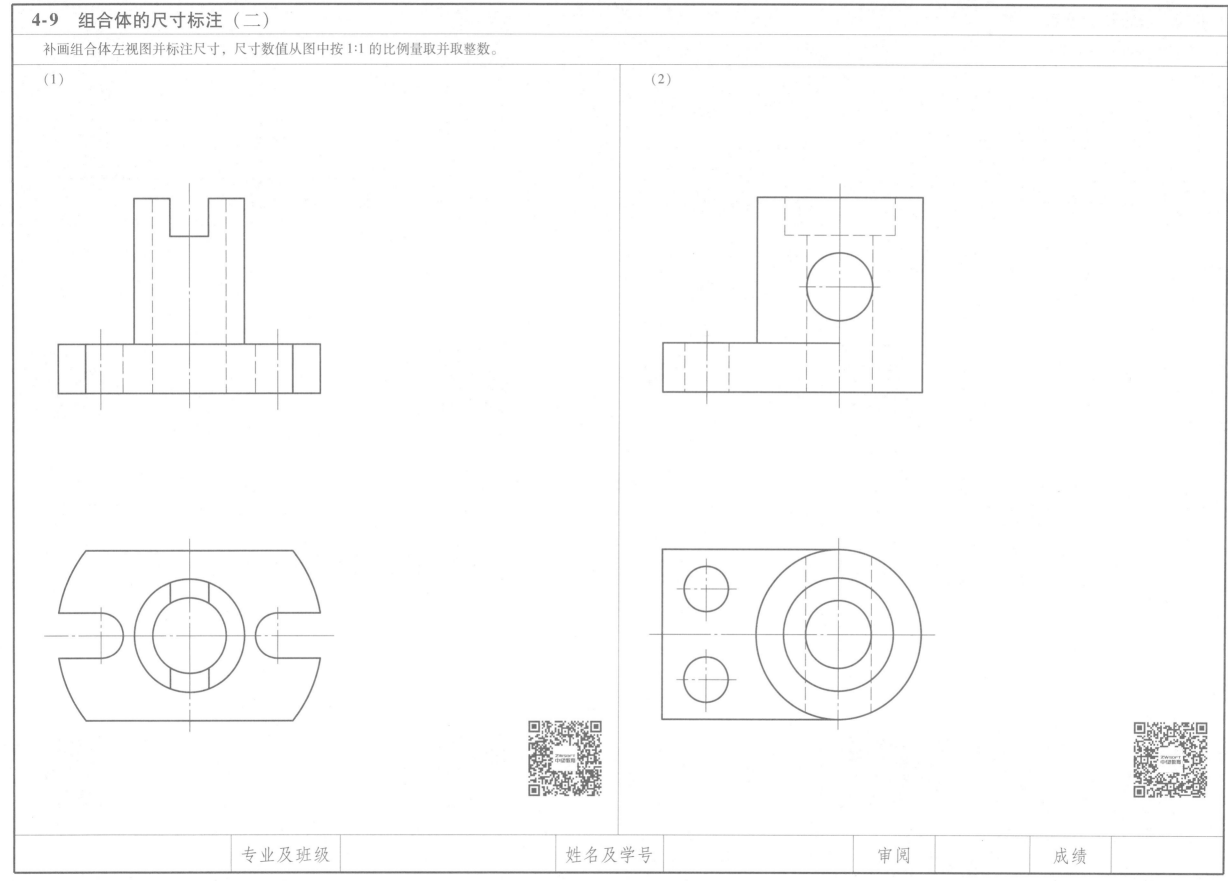

| | 专业及班级 | | 姓名及学号 | | 审阅 | | 成绩 | |

补画组合体的第三视图。

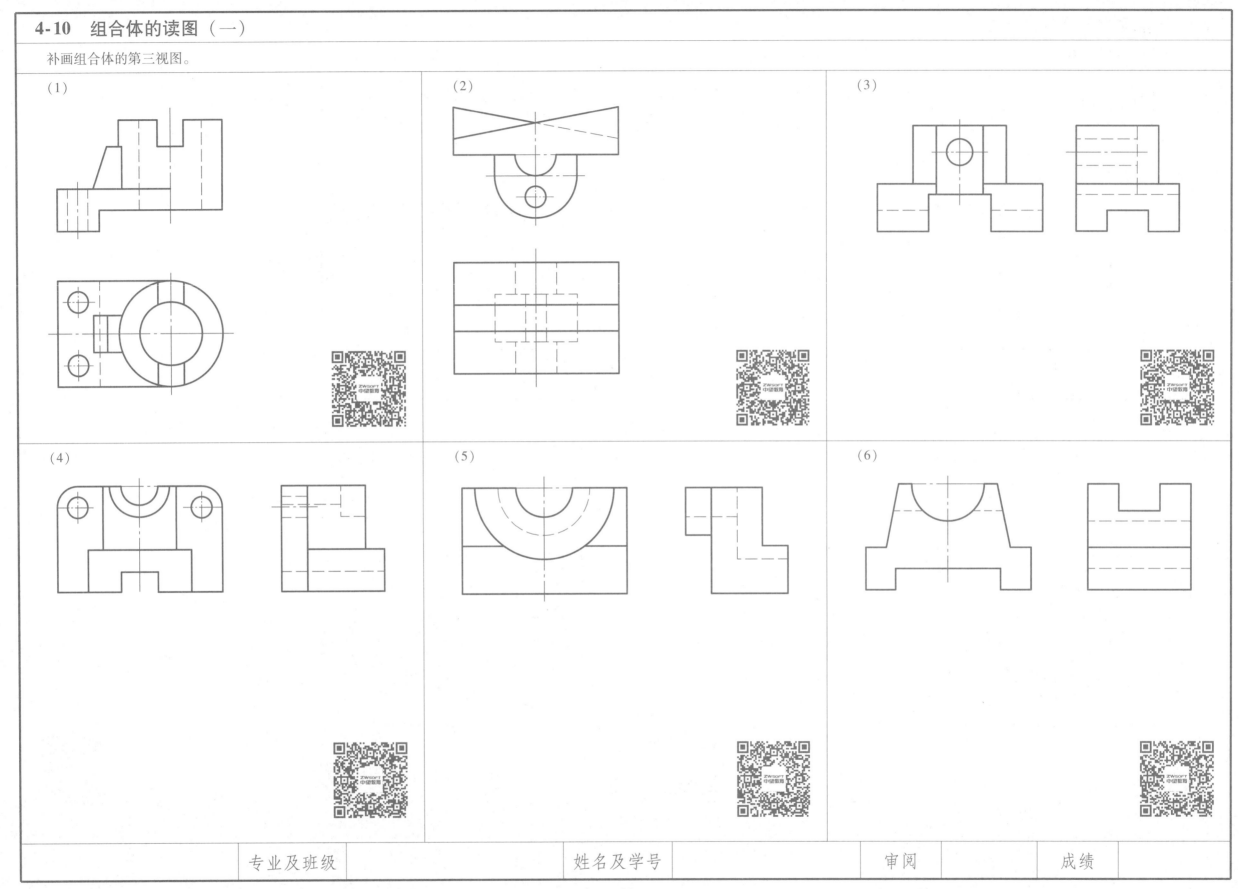

（1）　（2）　（3）

（4）　（5）　（6）

专业及班级		姓名及学号		审阅		成绩	

补画组合体的第三视图。

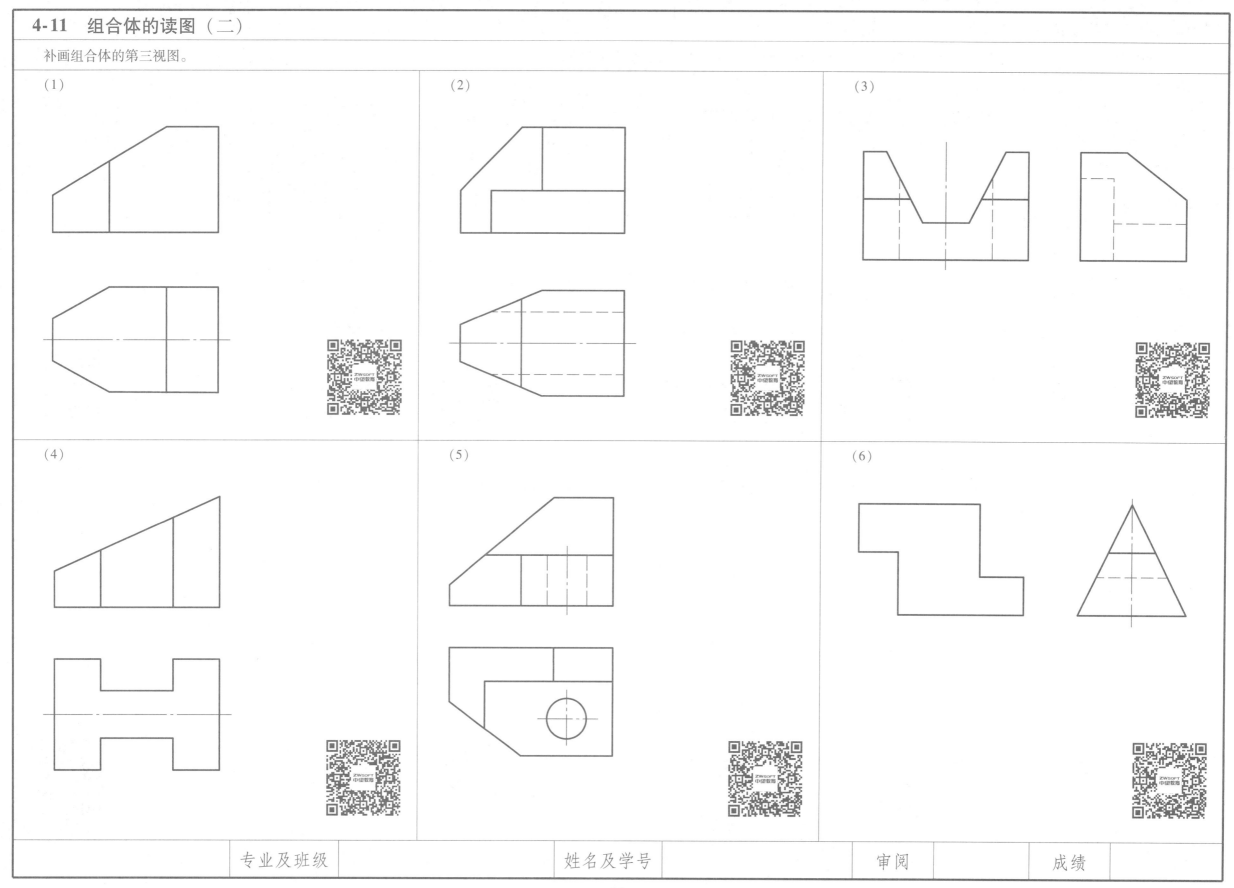

（1）

（2）

（3）

（4）

（5）

（6）

专业及班级		姓名及学号		审阅		成绩	

补画组合体的第三视图，对带 * 的题目，利用三维软件创建组合体的三维模型，并生成其三视图（比例1:1）。

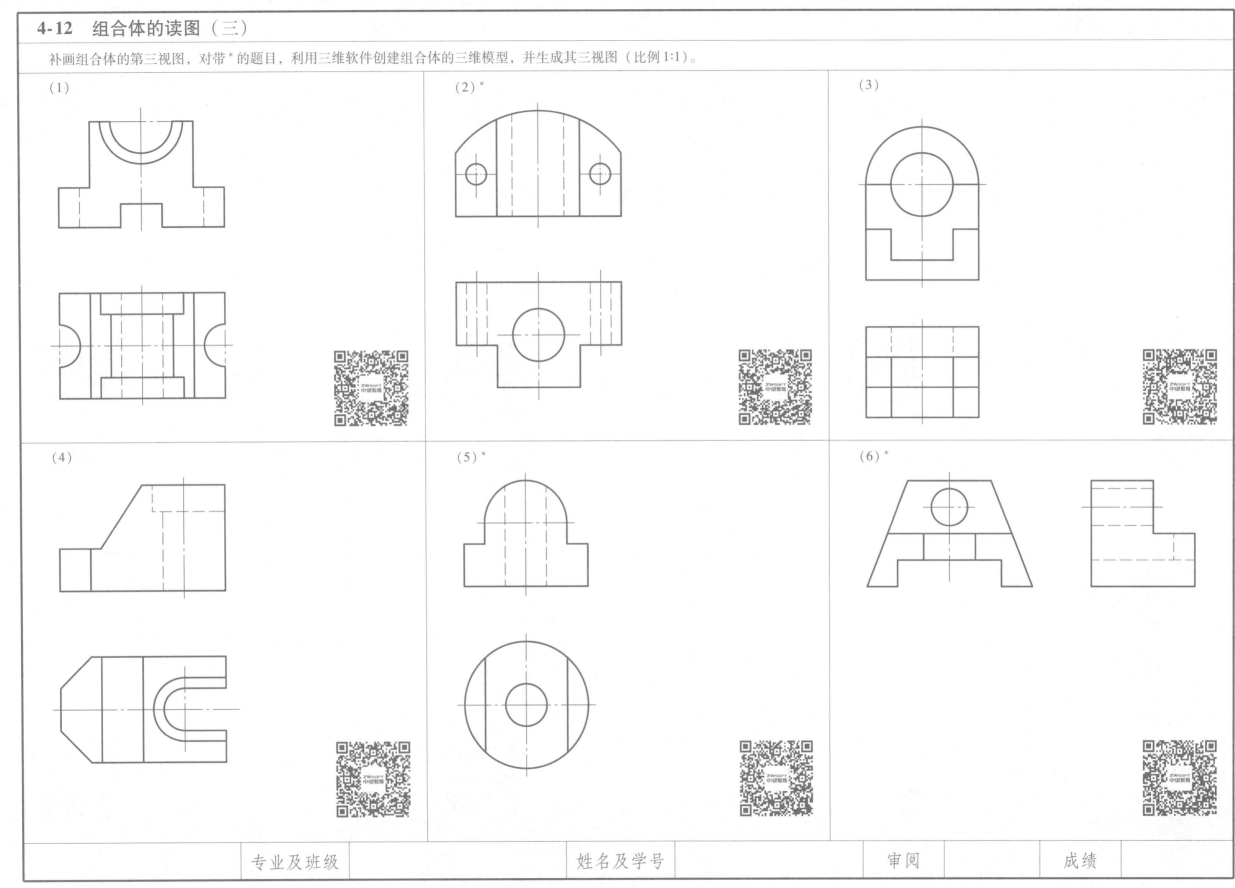

(1)

(2) *

(3)

(4)

(5) *

(6) *

专业及班级		姓名及学号		审阅		成绩	

补画组合体的第三视图，对带*的题目，利用三维软件创建组合体的三维模型，并生成其三视图（比例1:1）。

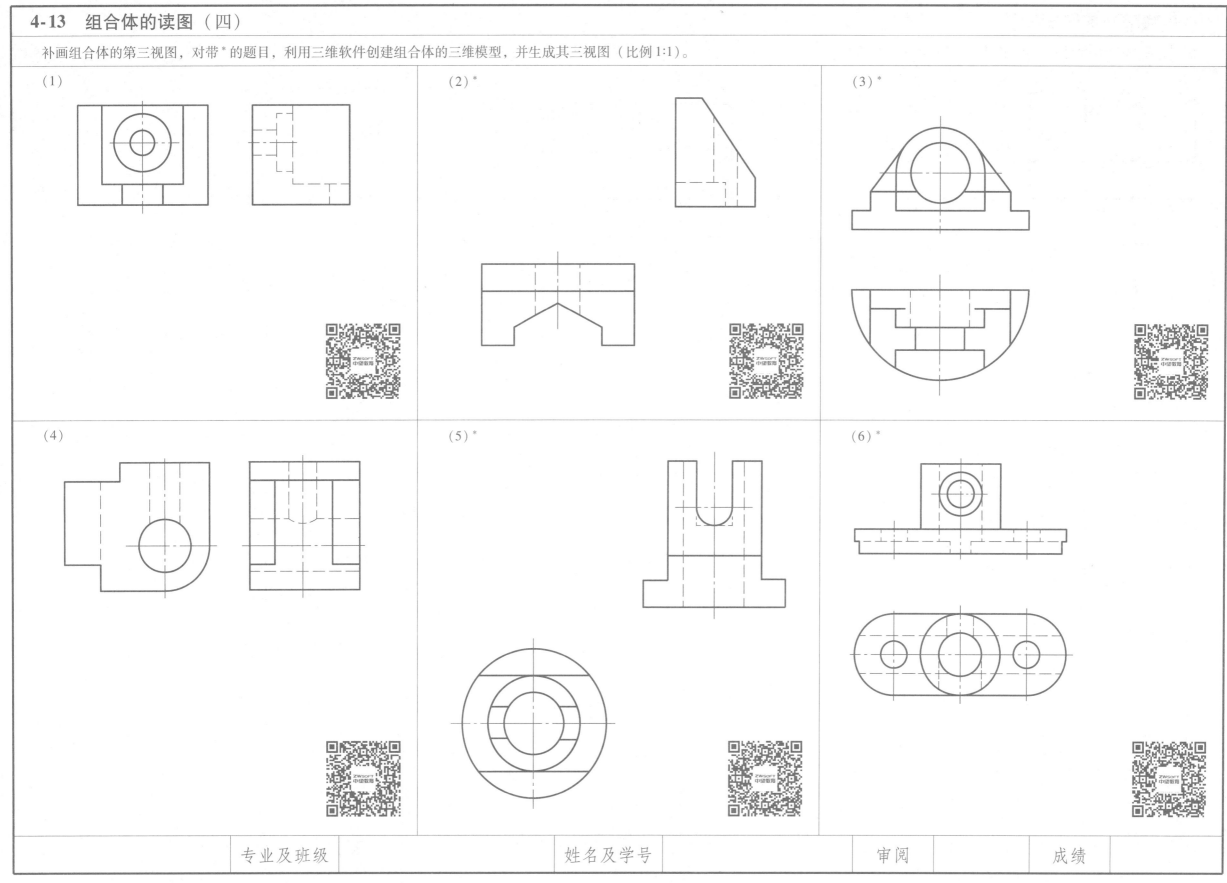

(1)

(2)*

(3)*

(4)

(5)*

(6)*

专业及班级		姓名及学号		审阅		成绩	

4-14　组合体的构形设计

1. 已知组合体的主视图，构思组合体，并画出其左视图和俯视图。

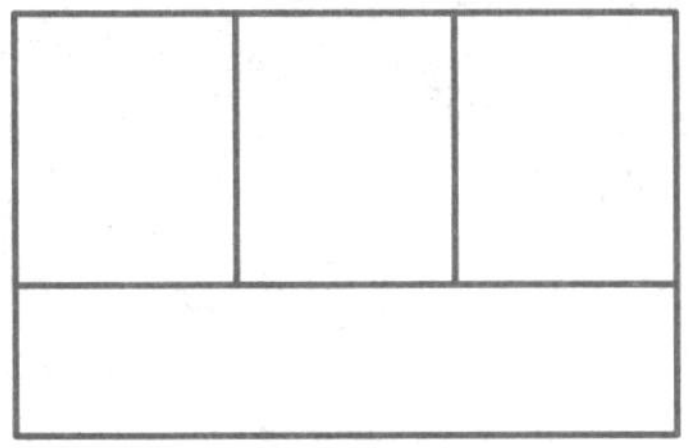

2. 已知组合体的主视图，构思组合体，并画出其左视图和俯视图。

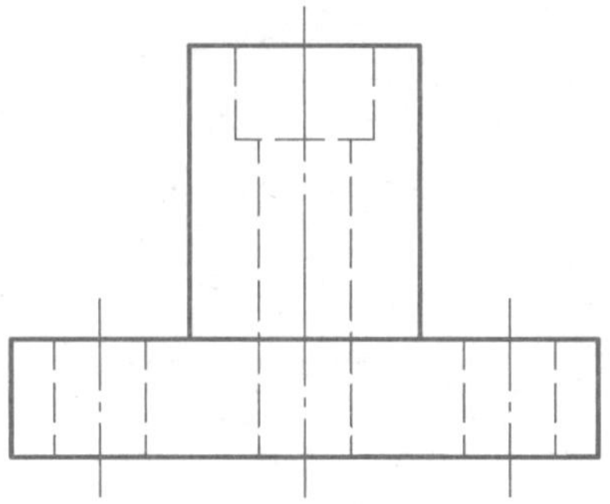

3. 已知组合体的主、俯视图，构思组合体，并画出其左视图。

4. 已知组合体的主、俯视图，构思组合体，并画出其左视图。

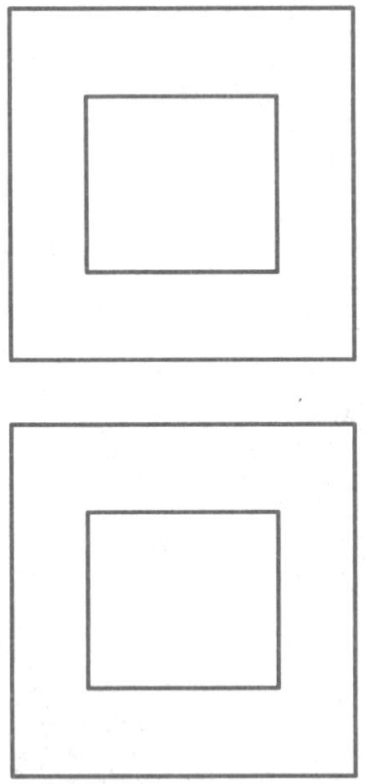

5. 根据给定的三个基本体，构思出不同的组合体，并绘制其中一种方案的三视图（另附纸完成）。

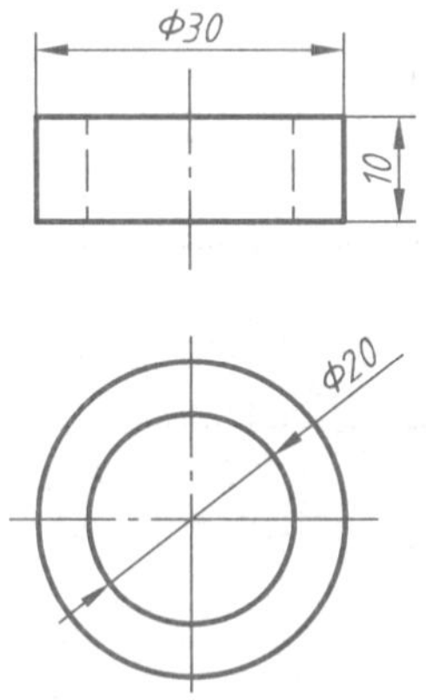
Φ30
10
Φ20

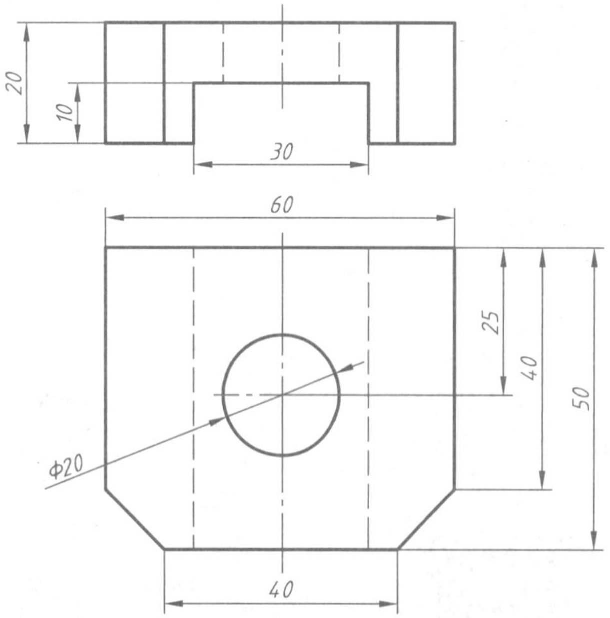
20
10
30
60
25
40
50
Φ20
40

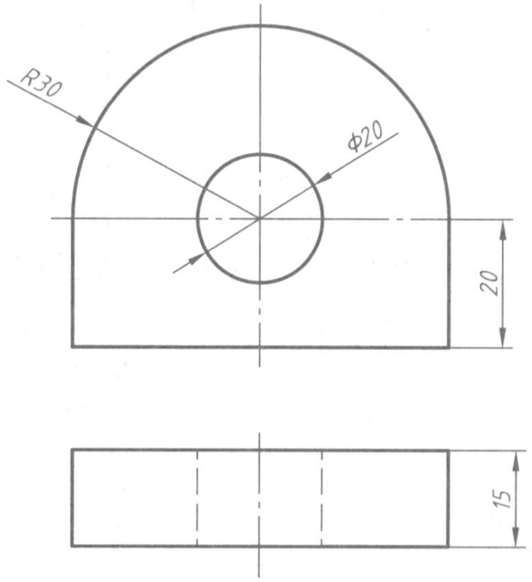
R30
Φ20
20
15

专业及班级		姓名及学号		审阅		成绩	

1. 目的、内容与要求

（1）目的和内容　进一步理解与巩固物与图之间的对应关系，运用形体分析的方法，根据立体图（或模型）绘制组合体的三视图，并标注尺寸。本作业共四个分题，不同专业按需要完成其中 1～2 个分题。

（2）要求　完整地表达组合体的内外形状。标注尺寸要完整、清晰，并符合国家标准。

2. 图名、图幅、比例

（1）图名　组合体三视图。

（2）图幅　A3 图纸。

（3）比例　2∶1。

3. 尺规绘图步骤与注意事项

1）对所绘组合体进行形体分析，选择主视图，按立体图所注尺寸（或模型实际大小）布置三个视图位置，画出各视图的中心轴线和底面（顶面）位置线。注意视图之间预留标注尺寸的位置。

2）逐步画出组合体各部分的三视图。注意表面相切或相贯时的画法。

3）标注尺寸时应注意不要照搬立体图上的尺寸注法，应重新考虑视图上尺寸的配置，以尺寸完整、注法符合标准、配置适当为原则。

4）完成底稿，经仔细校核后用铅笔加深。

5）图面质量与标题栏填写的要求，同第一次制图作业。

4. 利用三维软件创建组合体的三维模型，并生成三视图，再标注尺寸（任选两题）

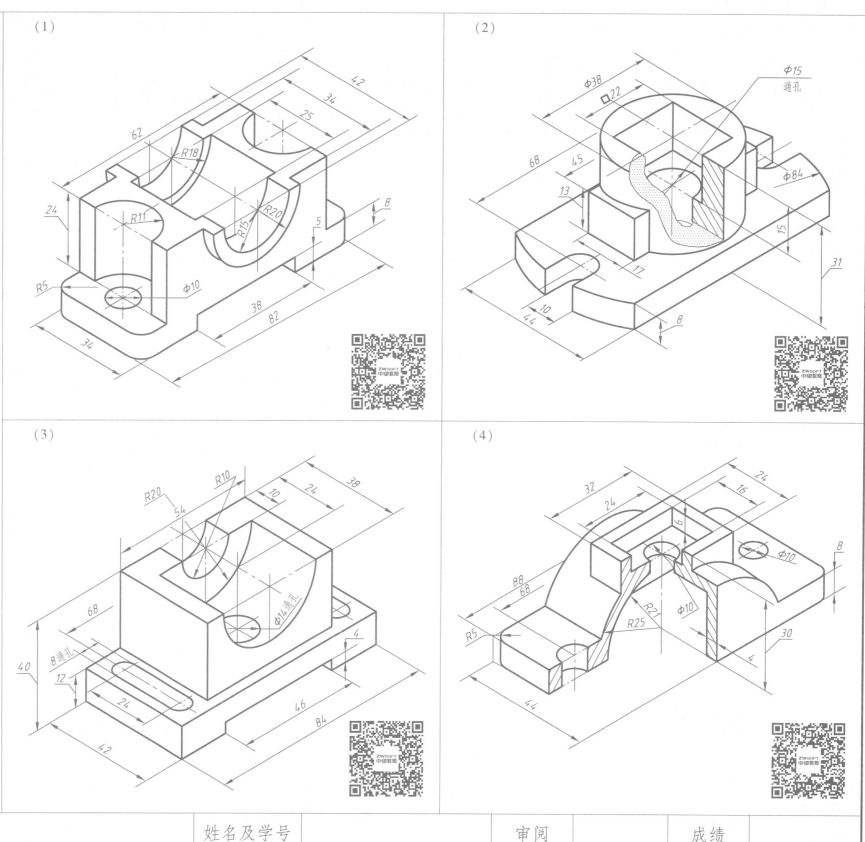

（1）

（2）

（3）

（4）

专业及班级		姓名及学号		审阅	成绩

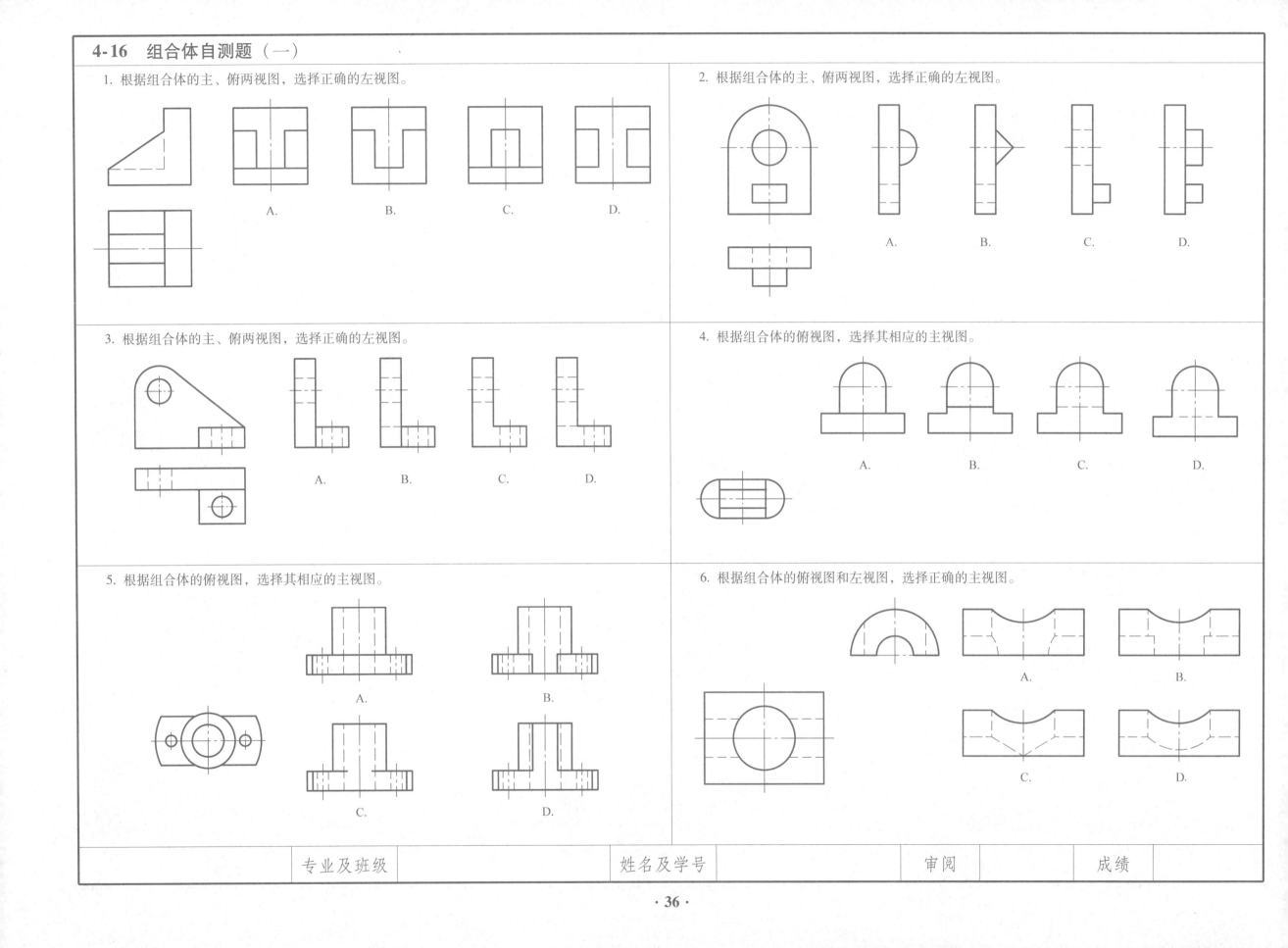

4-16　组合体自测题（一）

1. 根据组合体的主、俯两视图，选择正确的左视图。

　A.　　B.　　C.　　D.

2. 根据组合体的主、俯两视图，选择正确的左视图。

　A.　　B.　　C.　　D.

3. 根据组合体的主、俯两视图，选择正确的左视图。

　A.　　B.　　C.　　D.

4. 根据组合体的俯视图，选择其相应的主视图。

　A.　　B.　　C.　　D.

5. 根据组合体的俯视图，选择其相应的主视图。

　A.　　B.　　C.　　D.

6. 根据组合体的俯视图和左视图，选择正确的主视图。

　A.　　B.　　C.　　D.

| 专业及班级 | | 姓名及学号 | | 审阅 | | 成绩 | |

想象组合体形状，补全下列视图中所缺的图线。

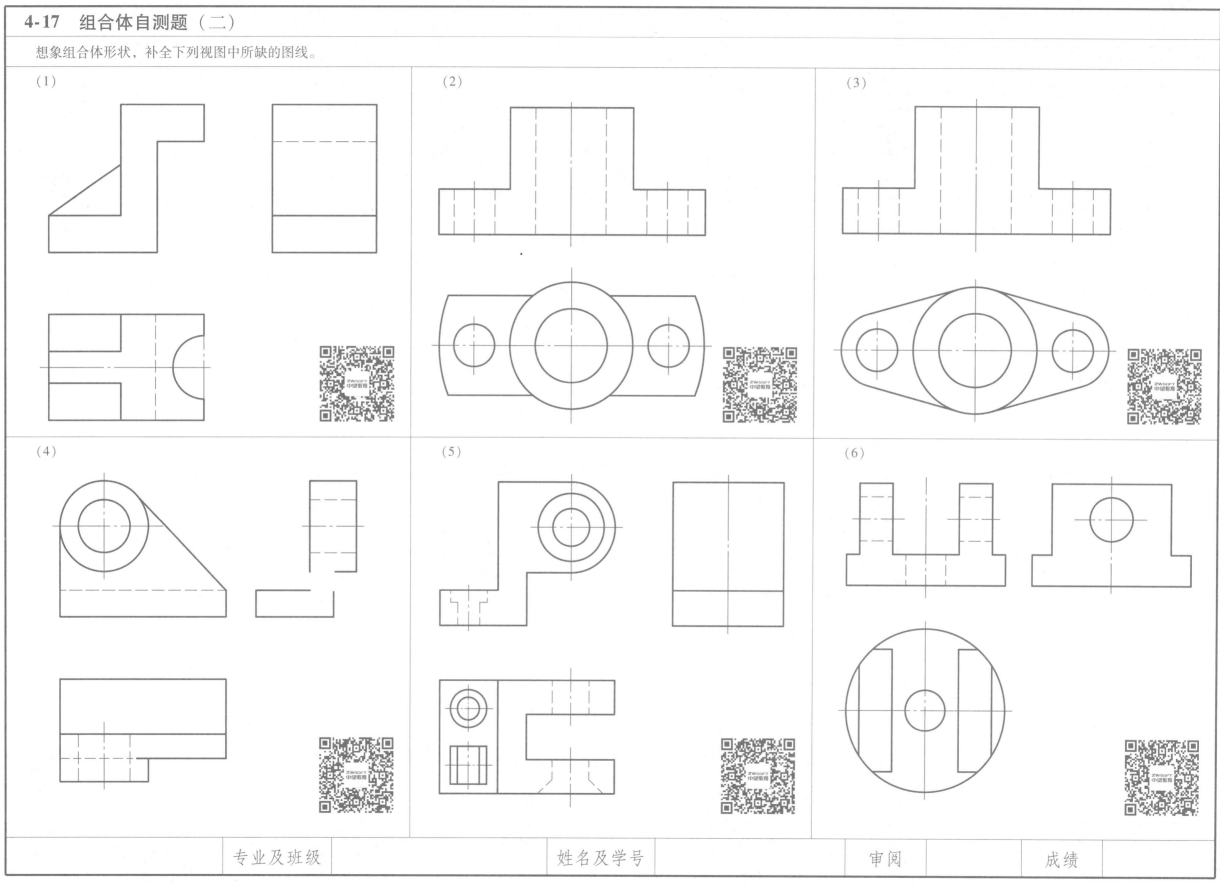

专业及班级		姓名及学号		审阅	成绩

5-1 轴测图

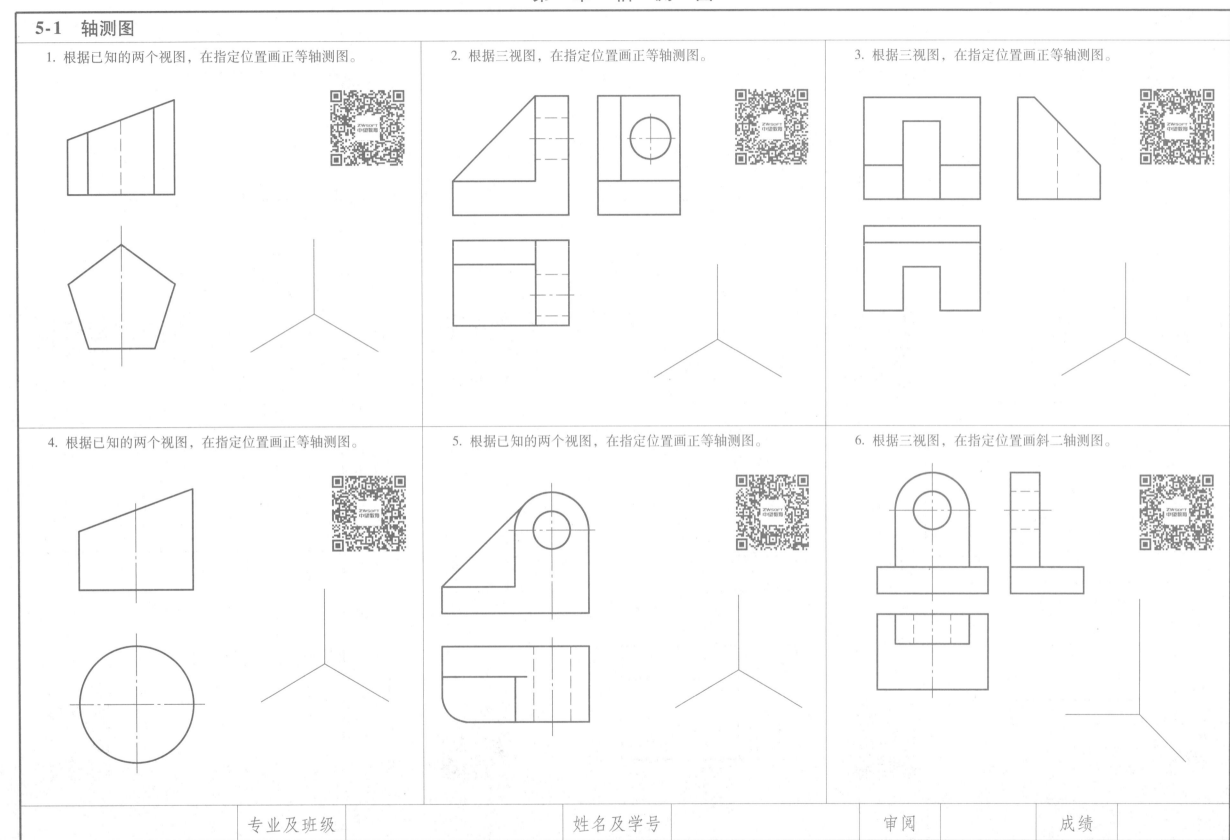

1. 根据已知的两个视图，在指定位置画正等轴测图。

2. 根据三视图，在指定位置画正等轴测图。

3. 根据三视图，在指定位置画正等轴测图。

4. 根据已知的两个视图，在指定位置画正等轴测图。

5. 根据已知的两个视图，在指定位置画正等轴测图。

6. 根据三视图，在指定位置画斜二轴测图。

专业及班级		姓名及学号		审阅		成绩	

1. 正等轴测图。

2. 正等轴测图。

3. 正等轴测图。

4. 正等轴测图。

5. 斜二轴测图。

6. 斜二轴测图。

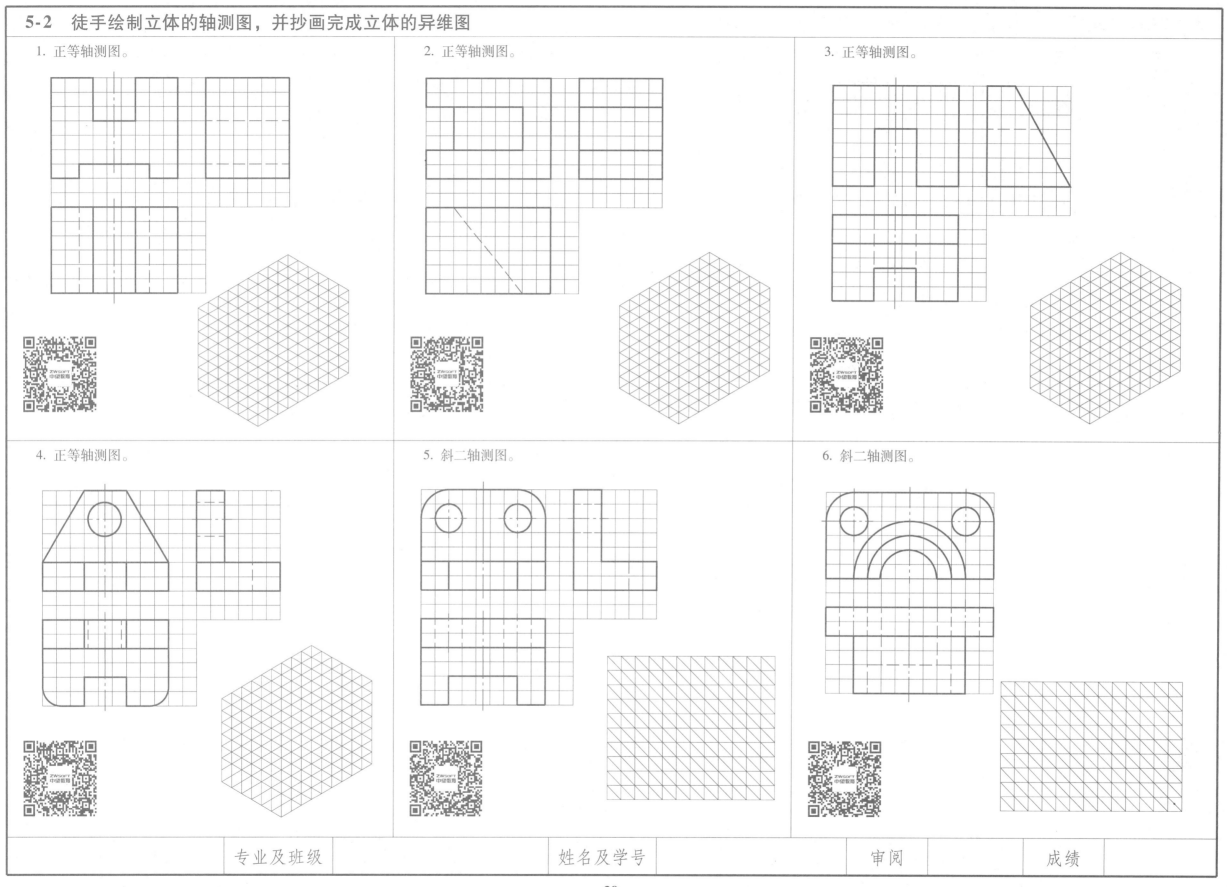

专业及班级		姓名及学号		审阅	成绩	

1. 根据已知视图，画出正等轴测剖视图，尺寸数值直接从图中按 1:1 的比例量取并取整。

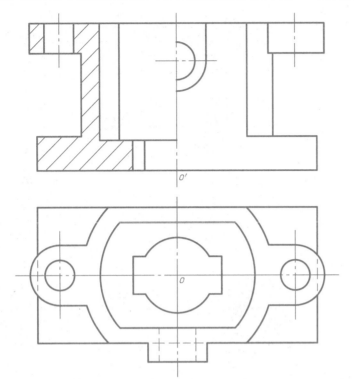

2. 根据已知视图，画出斜二轴测剖视图，尺寸数值直接从图中按 1:1 的比例量取并取整。

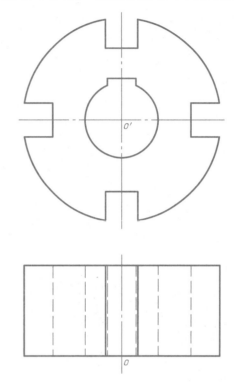

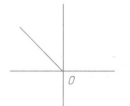

专业及班级		姓名及学号		审阅		成绩	

6-1　视图

尺寸数值按 1:1 的比例直接从图中量取并取整。

1. 在指定位置画出机件的仰视图。

2. 画出机件的 A 向斜视图。

3. 画出机件的 A、B 向视图。

4. 画出机件的 A 向局部视图。

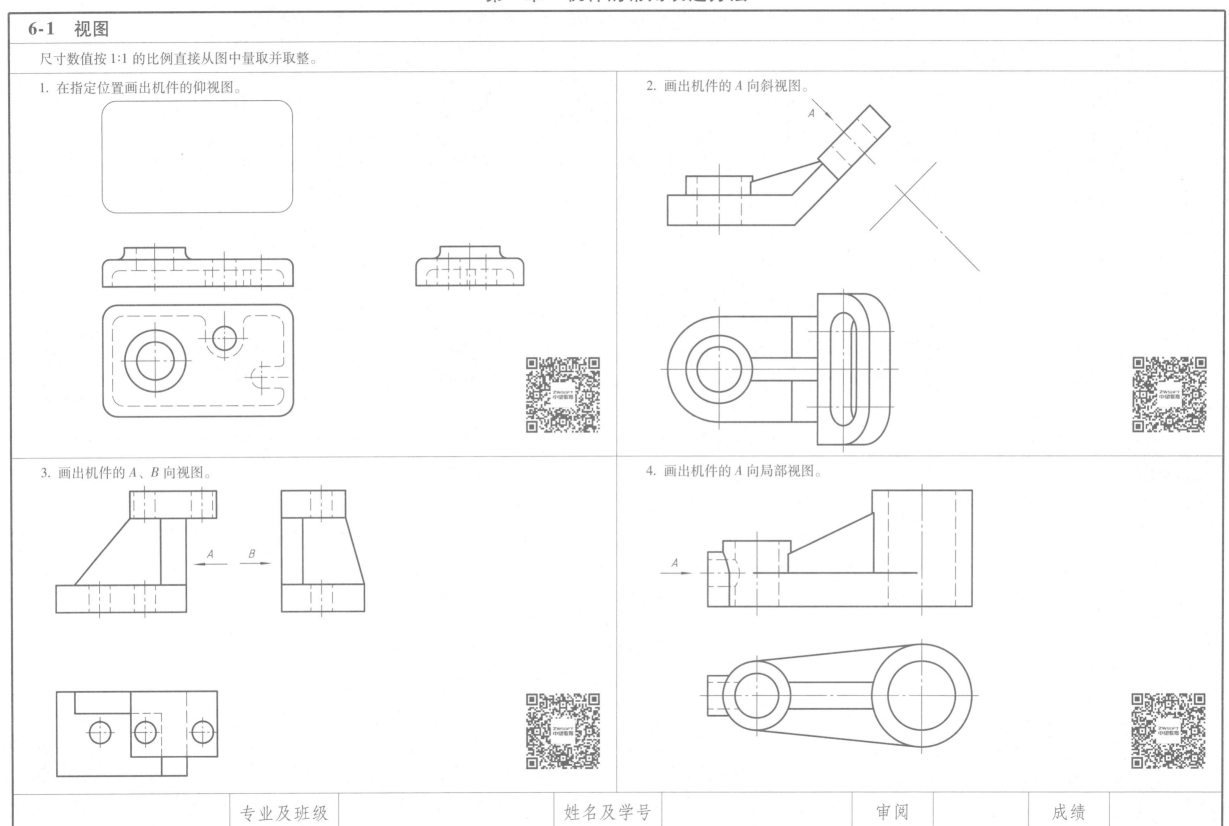

专业及班级		姓名及学号		审阅		成绩	

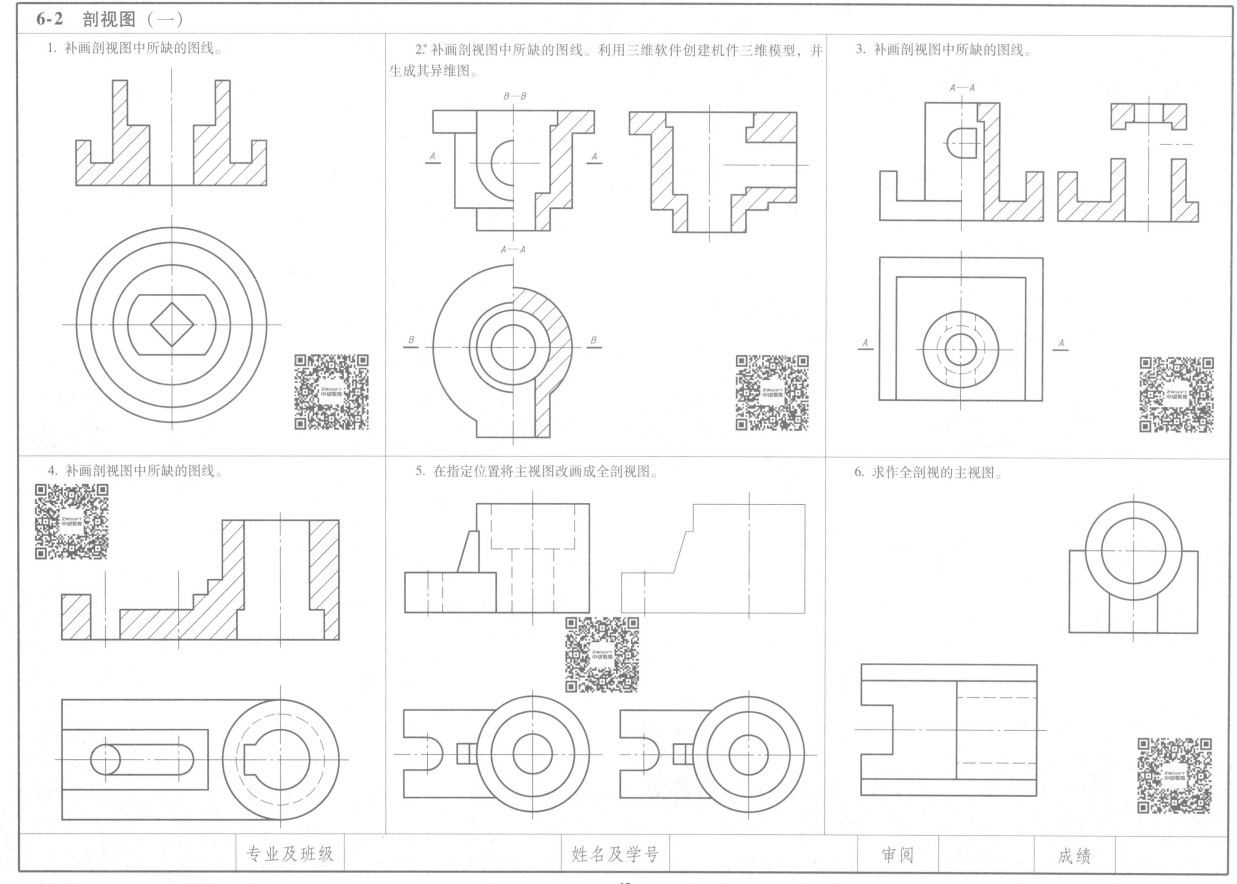

1. 补画剖视图中所缺的图线。

2.* 补画剖视图中所缺的图线。利用三维软件创建机件三维模型，并生成其异维图。

3. 补画剖视图中所缺的图线。

4. 补画剖视图中所缺的图线。

5. 在指定位置将主视图改画成全剖视图。

6. 求作全剖视的主视图。

专业及班级		姓名及学号		审阅		成绩	

尺寸数值按 1:1 的比例直接从图中量取并取整。

| 1. 把主视图画成全剖视图。 | 2.* 把主视图画成全剖视图。利用三维软件创建机件三维模型，并生成其异维图。 | 3. 把主视图画成全剖视图。 | 4. 把主视图画成全剖视图。 |

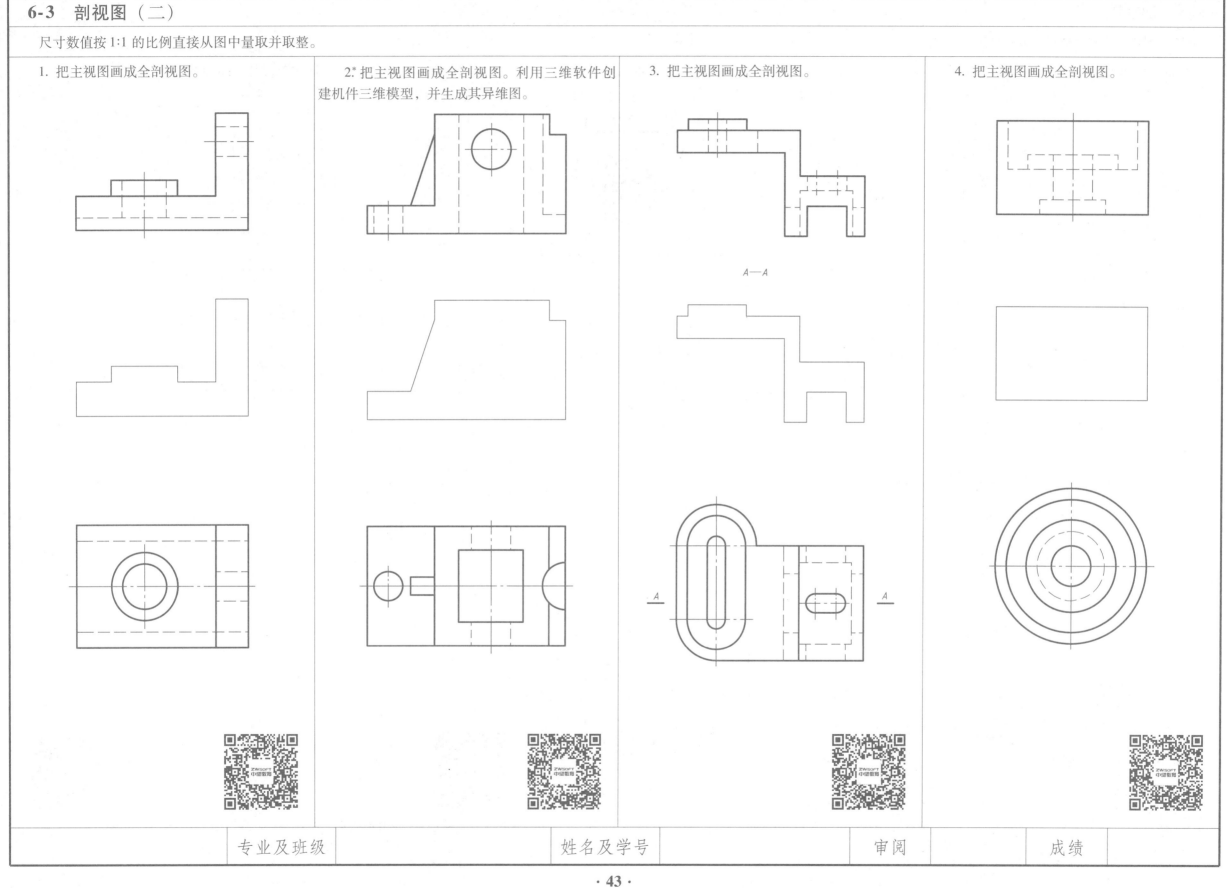

尺寸数值按1:1的比例直接从图中量取并取整。

1. 把主视图画成半剖视图。

2.* 把主视图画成半剖视图。利用三维软件创建机件三维模型，并生成其异维图。

3. 把主视图画成全剖视图，俯视图画成半剖视图。

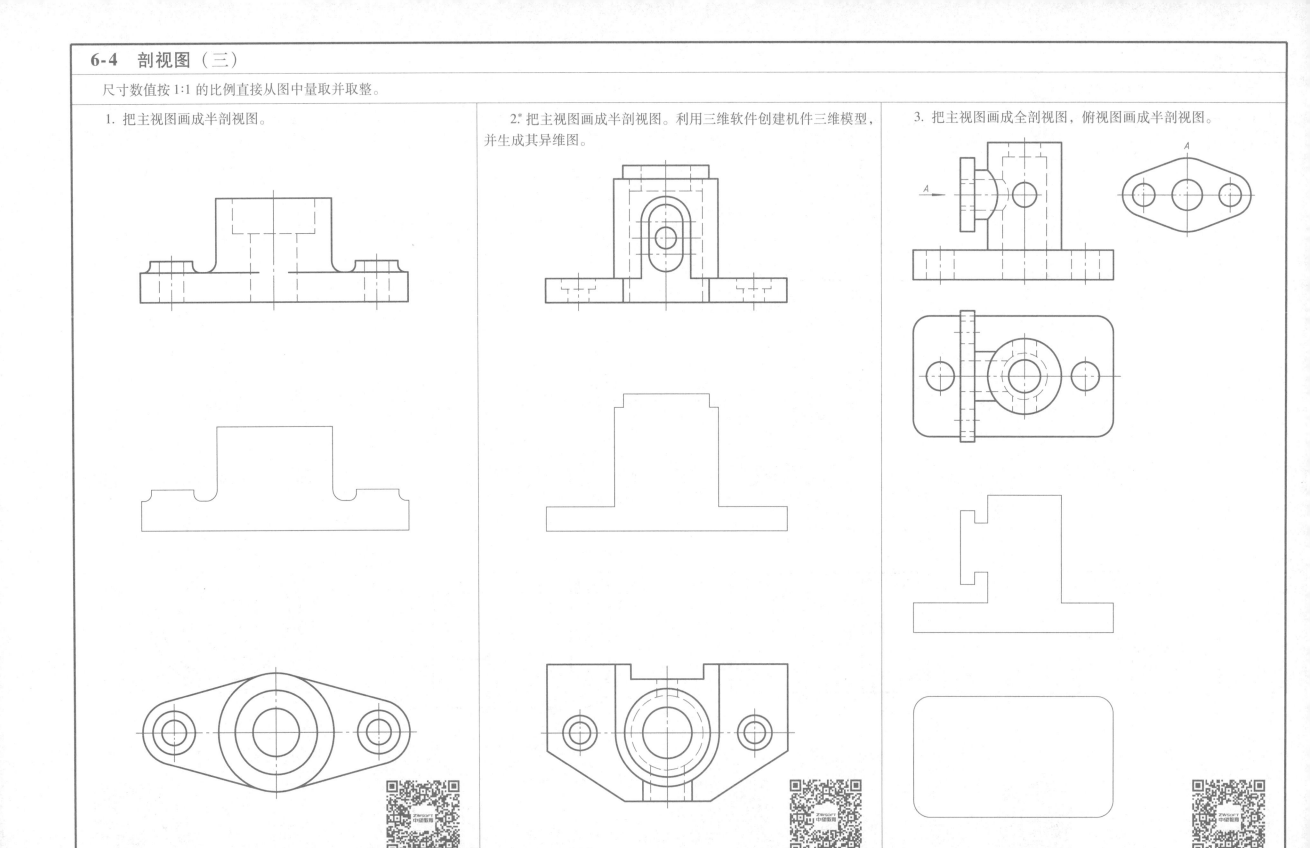

专业及班级		姓名及学号		审阅		成绩	

尺寸数值按 1:1 的比例直接从图中量取并取整。

1. 把主视图画成局部剖视图。

2. 分析视图中的错误，画出正确的剖视图。

3. 把主、俯视图画成局部剖视图。

4.* 把主、俯视图画成局部剖视图。利用三维软件创建机件三维模型，并生成其异维图。

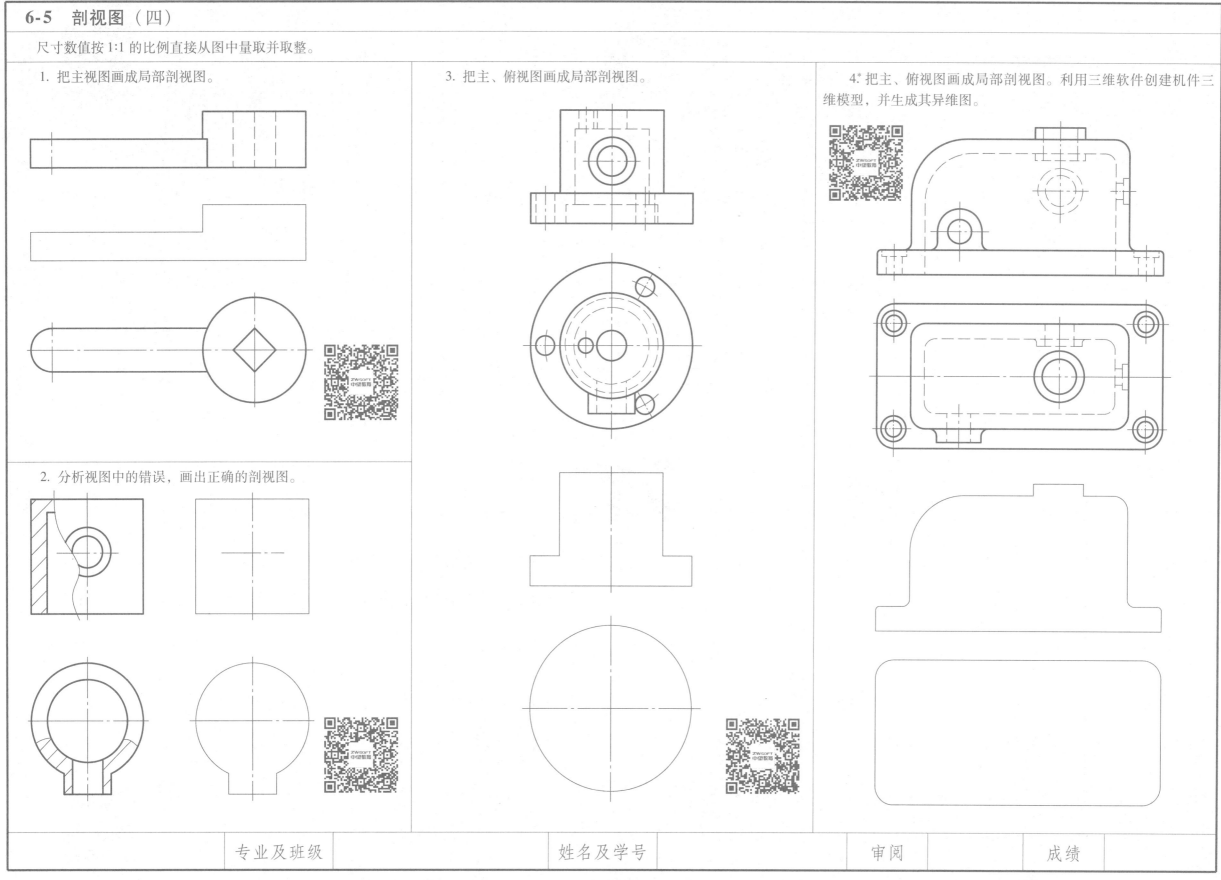

专业及班级		姓名及学号		审阅		成绩

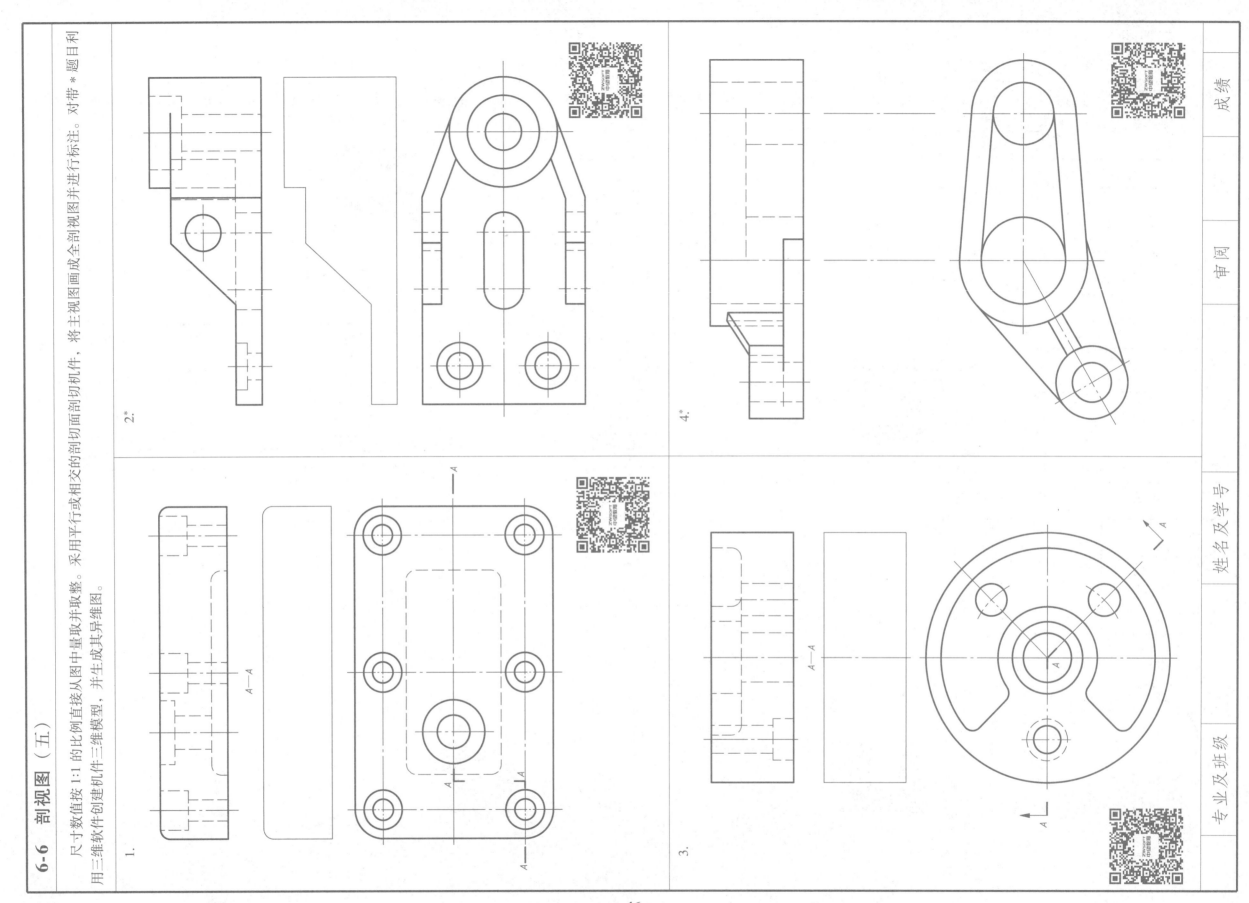

6-6 剖视图（五）

尺寸数值按1:1的比例直接从图中量取并取整。采用平行或相交的剖切面剖切机件，将主视图画成全剖视图并进行标注。对带 ∗ 题目利用三维软件创建机件三维模型，并生成其导维图。

1.

2.∗

3.

4.∗

· 46 ·

尺寸数值按 1:1 的比例直接从图中量取并取整。

1. 作 A—A 斜剖视图。

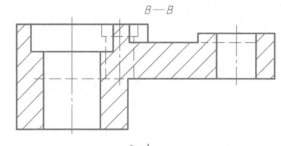

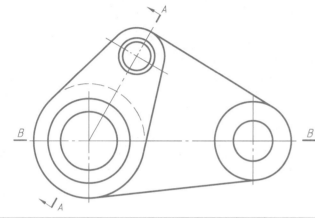

3.* 在指定位置，采用复合剖的方法画出机件的全剖视图。利用三维软件创建机件三维模型，并生成其异维图。

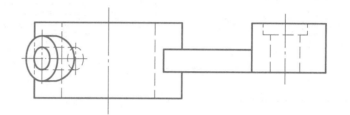

2. 作 A—A 复合剖视图。

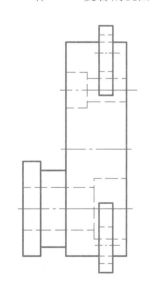

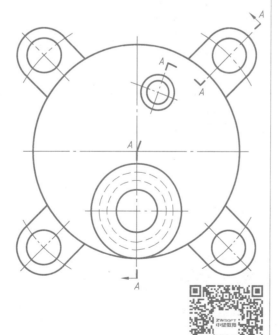

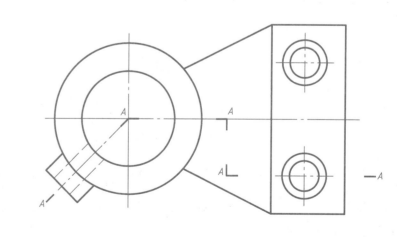

专业及班级		姓名及学号		审阅		成绩	

尺寸数值按 1:1 的比例直接从图中量取并取整。

1. 在指定的位置将主视图改成全剖视图，左视图选用合适的剖视图表达结构。

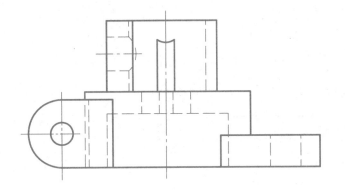

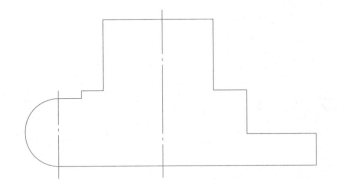

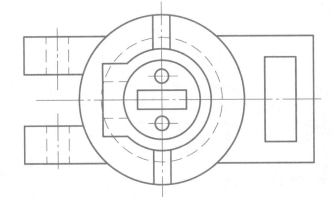

2.* 在指定的位置将主视图改成半剖视图，左视图画成全剖视图，俯视图画成全剖视图（剖切位置在 A—A 处）。利用三维软件创建机件三维模型，并生成其异维图。

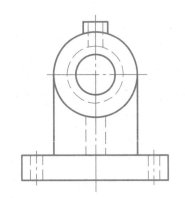
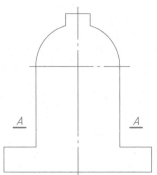
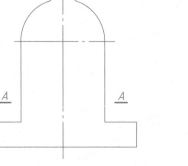

A　　　A

A—A

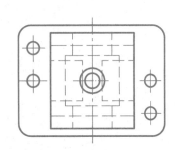
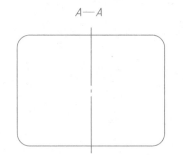

专业及班级		姓名及学号		审阅		成绩	

尺寸数值按 1:1 的比例直接从图中量取并取整。

1. 在指定的位置画出机件的移出断面图。

2. 在指定的位置画出机件的重合断面图。

3. 画出指定位置的断面图（左侧键槽深 4mm，右侧键槽深 3mm）。

4. 在指定位置将主视图画成全剖视图。

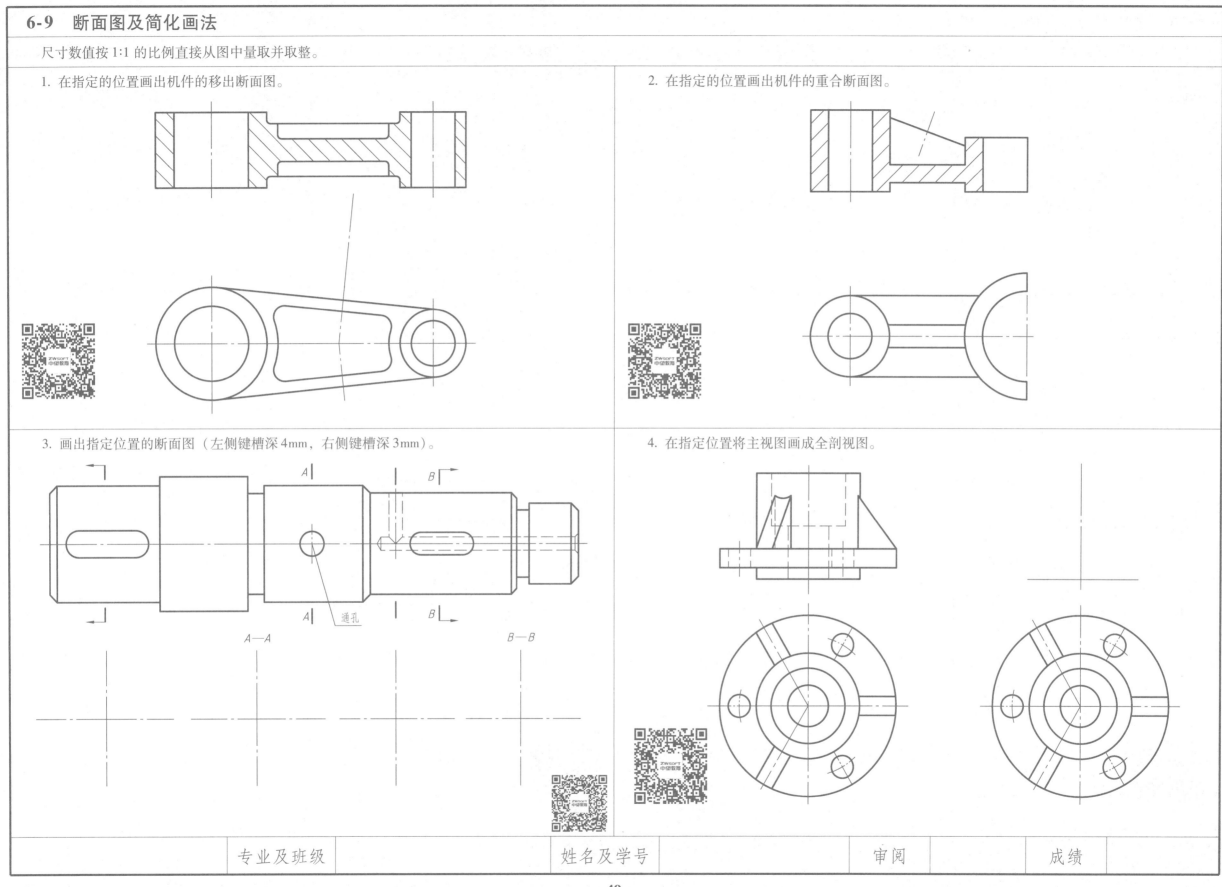

A

B

通孔

A

B

$A—A$

$B—B$

专业及班级		姓名及学号		审阅	成绩	

1. 选择合适的表达方法，补画机件的左视图并标注尺寸（尺寸数值按1:1的比例从图中直接量取并取整）。

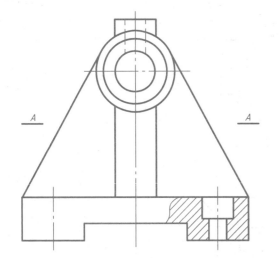

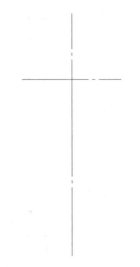

A—A

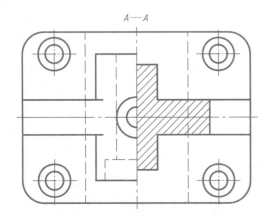

2. 根据所给的机件视图，选用合适的表达方法重新绘制图形并标注尺寸。要求在 A3 图纸上，徒手绘制，比例自定。

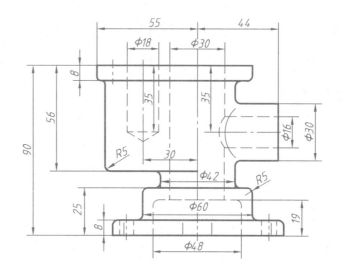

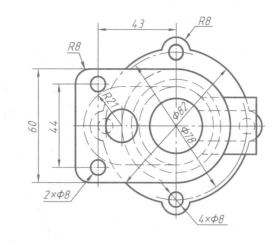

技术要求
未注圆角为R2～R4。

专业及班级		姓名及学号		审阅		成绩	

1. 作业内容及要求

1）根据所给机件的视图，选用适当的表达方法重新绘制图形并标注尺寸。

2）图名为"机件的表达方法"，图幅和比例自定。

3）* 任选一题，利用三维软件绘制机件的异维图。

2. 尺规绘图步骤与注意事项

1）对所给视图进行形体分析，在此基础上选择表达方法。

2）根据规定的图幅和比例，合理布置视图的位置。

3）画图时要注意将视图改画成适当的剖视图，按需要画出其他视图并做适当配置，标注和调整各部分尺寸。

4）仔细校核后用铅笔加深。

（1）   （2）

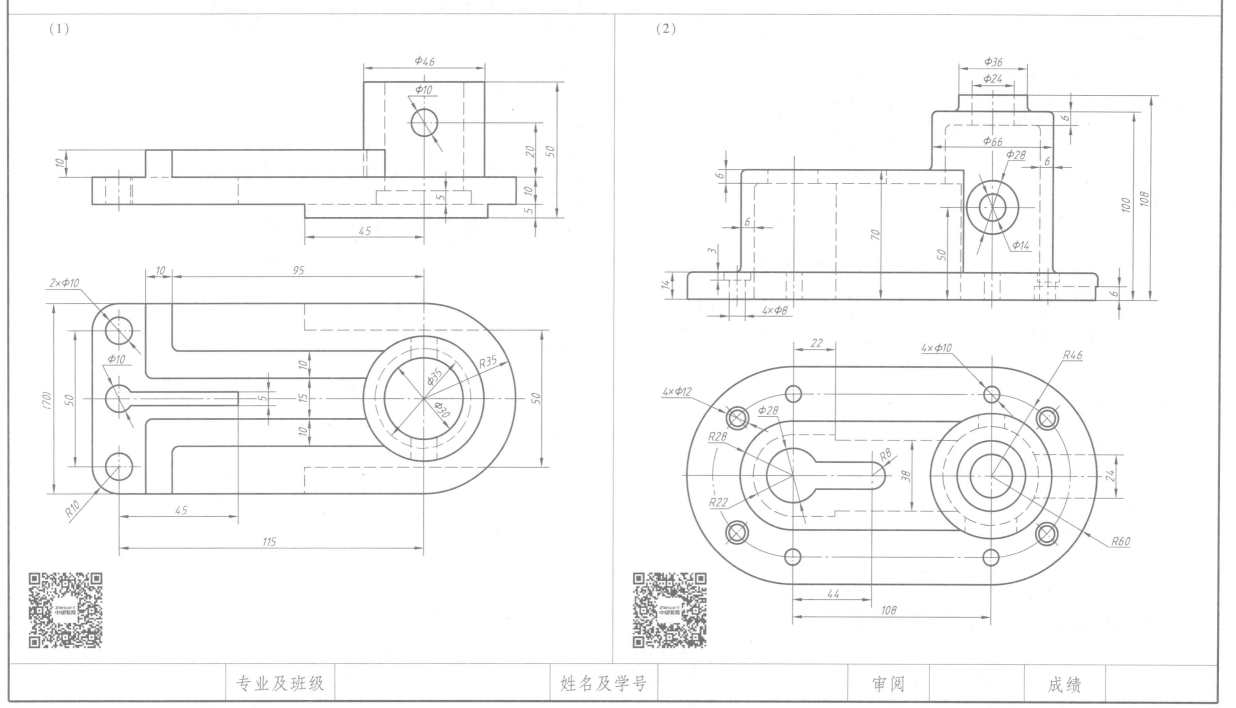

专业及班级		姓名及学号		审阅	成绩	

1. 已知立体的主视图和俯视图，四个左视图画得正确的是（　　　）。

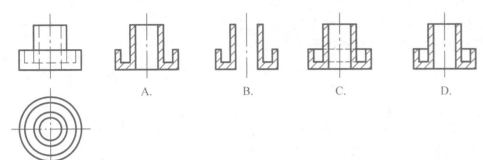

A.　　　B.　　　C.　　　D.

2. 已知立体的主视图和俯视图，四个左视图画得正确的是（　　　）。

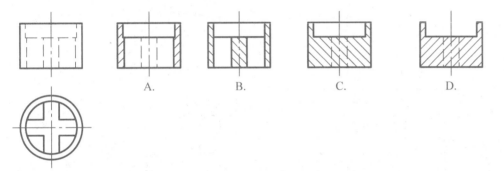

A.　　　B.　　　C.　　　D.

3. 已知立体的主视图和俯视图，下列三个主视图的全剖视图中，画得正确的是（　　　）。

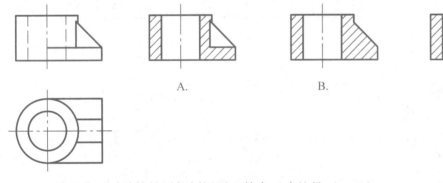

A.　　　　　B.　　　　　C.

4. 下边是四种不同零件的局部剖视图，其中正确的是（　　　）。

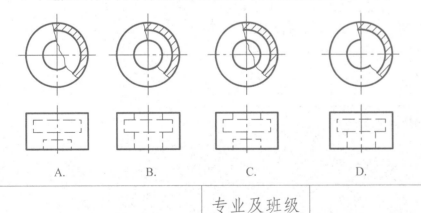

A.　　　B.　　　C.　　　D.

5. 下列四个剖视图中，判断正确的是（　　　）。

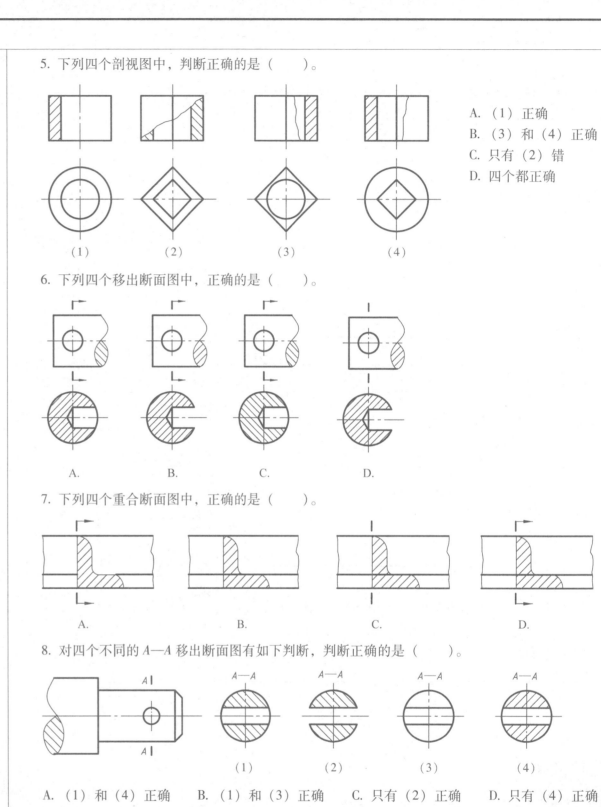

A.（1）正确
B.（3）和（4）正确
C.只有（2）错
D.四个都正确

（1）　　　（2）　　　（3）　　　（4）

6. 下列四个移出断面图中，正确的是（　　　）。

A.　　　B.　　　C.　　　D.

7. 下列四个重合断面图中，正确的是（　　　）。

A.　　　B.　　　C.　　　D.

8. 对四个不同的 $A—A$ 移出断面图有如下判断，判断正确的是（　　　）。

（1）　　　（2）　　　（3）　　　（4）

A.（1）和（4）正确　　B.（1）和（3）正确　　C.只有（2）正确　　D.只有（4）正确

1. 补画全剖视图中所漏的图线。

3. 补画全剖视图中所漏的图线。

5.* 改正主视图中的错误，将正确的主视图画在指定的位置。利用三维软件创建机件三维模型，并生成其异维图。

2. 补画全剖视图中所漏的图线。

4. 补画全剖视图中所漏的图线。

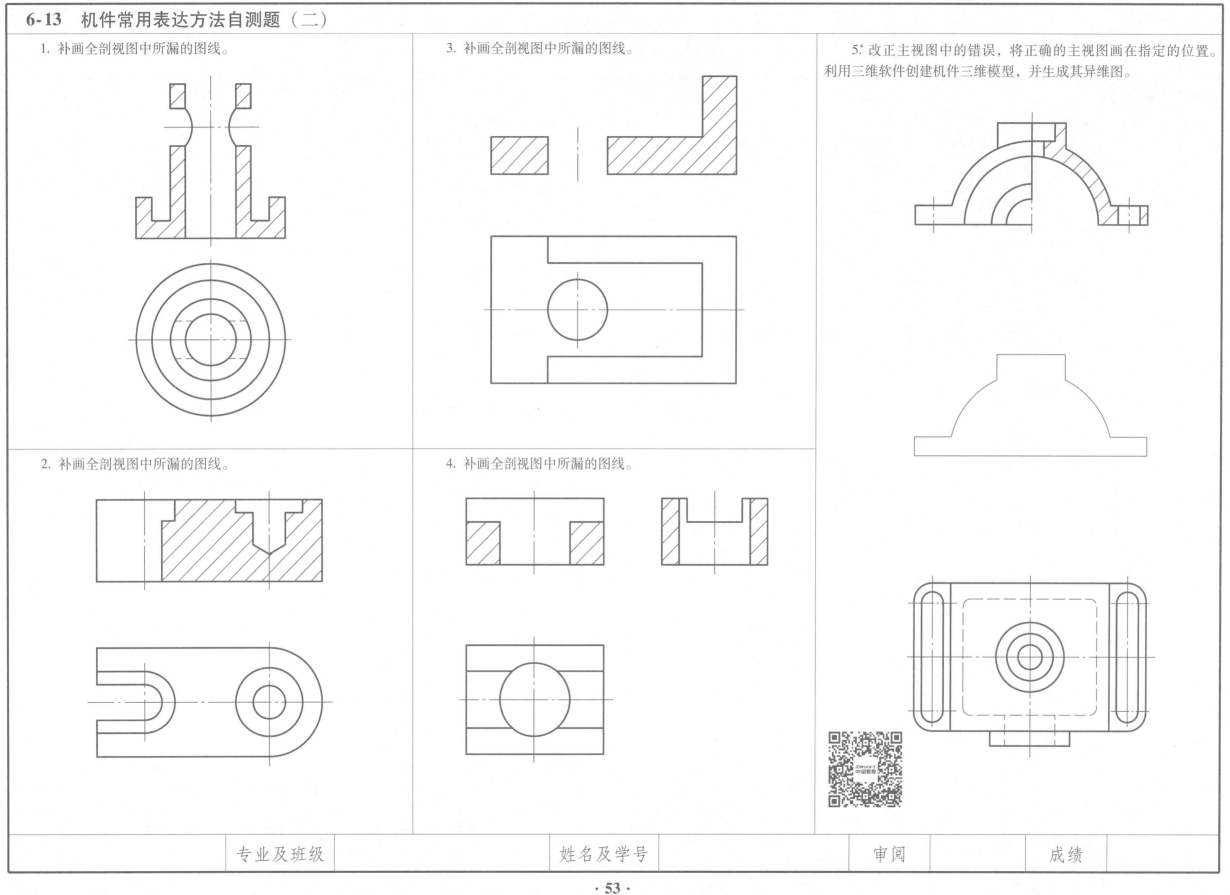

专业及班级		姓名及学号		审阅		成绩	

8-1 螺纹（一）

1. 按规定画法，在指定位置绘制螺纹的主、左两视图。

（1）外螺纹 大径为 20mm，螺纹长度为 30mm，螺杆长度为 40mm，螺纹倒角 C2。

（2）内螺纹 大径为 20mm，螺纹长度为 30mm，钻孔深度为 40mm，螺纹倒角 C2。

2. 将第 1 题中内、外螺纹旋合，旋入长度为 20mm，画出螺纹联接的主视图。

3. 根据给出的螺纹条件，进行标注。

1）粗牙普通螺纹，大径为 30mm，单线右旋。　　2）55°密封圆柱管螺纹，尺寸代号 3/4。

3）梯形螺纹，公称直径为 32mm，螺距为 6mm，双线，左旋。　　4）细牙普通螺纹，单线，右旋，公称直径为 30mm，螺距为 1.5mm。

4. 根据螺纹的标注，查表填空。

Tr20×8(P4)LH　　　　　　　　G1/2

1）该螺纹为 ＿＿＿＿＿＿＿＿＿，公称直径为＿＿＿＿，螺距为＿＿＿＿，线数为＿＿＿＿，旋向为＿＿＿＿。

2）该螺纹为 ＿＿＿＿＿＿＿，尺寸代号为＿＿＿＿，螺距为＿＿＿＿，线数为＿＿＿＿，旋向为＿＿＿＿。

专业及班级		姓名及学号		审阅		成绩	

8-2 螺纹（二）

1. 关于下列四组图形，判断正确的是（　　　　）。

　　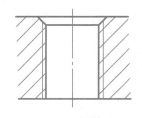　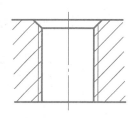

　　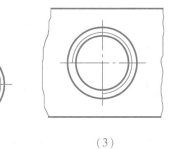　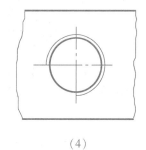

　　（1）　　　　　（2）　　　　　　（3）　　　　　　　（4）

A.（1）和（2）正确　　　　C.（2）和（4）正确

B.（1）和（3）正确　　　　D. 只有（4）正确

2. 关于螺纹的画法，判断正确的是（　　　　）。

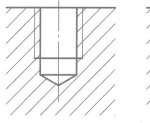　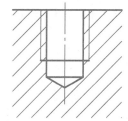　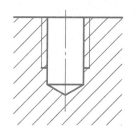　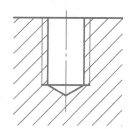

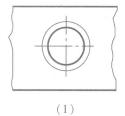　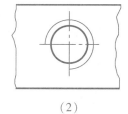　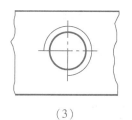　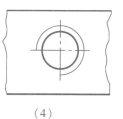

　　（1）　　　　　（2）　　　　　　（3）　　　　　　（4）

A.（1）和（2）正确　　　　C.（2）和（4）正确

B. 只有（1）正确　　　　　D. 只有（3）正确

3. 关于螺杆与螺孔装配图的画法，判断正确的是（　　　　）。

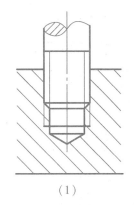　　　　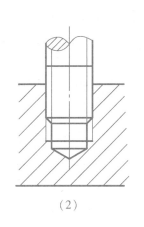　　　　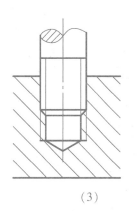

　　（1）　　　　　　　　（2）　　　　　　　　（3）

A. 三个图都正确

B. 三个图都错

C.（1）和（3）正确，（2）错

D. 只有（1）正确

4. 关于螺孔与它正交的圆孔相贯线的画法（简化画法），判断正确的是（　　　　）。

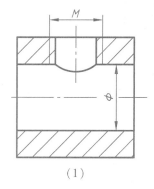　　　　　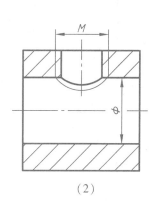

　　（1）　　　　　　　　　　（2）

A. 两个图都正确

B. 两个图都错

C.（1）正确，（2）错

D.（1）错，（2）正确

专业及班级		姓名及学号		审阅		成绩	

1. 根据已知条件，查表填写螺纹紧固件的尺寸并填写标记。

1）A 型双头螺柱：公称直径 $d = 12mm$，公称长度 $l = 50mm$，$b_m = 1.5d$。

2）六角头螺栓：公称直径 $d = 12mm$，公称长度 $l = 40mm$。

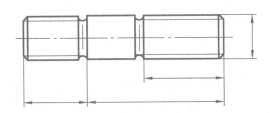

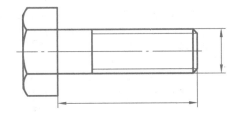

标记＿＿＿＿＿＿＿＿＿＿＿＿＿＿＿＿

标记＿＿＿＿＿＿＿＿＿＿＿＿＿＿＿＿

3. 分析双头螺柱联接图中的各种错误，并在右边指定位置画出正确的联接图，应根据不同材料和螺纹大径选择适当的旋入深度。

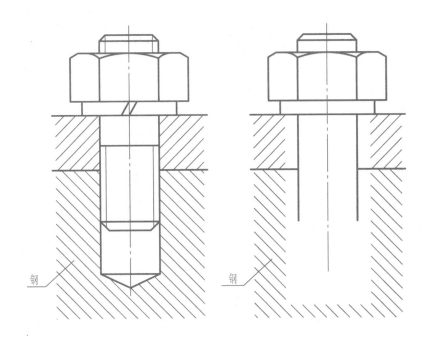

2. 找出下列螺栓联接画法中的错误，并在指定位置画出正确的图形。

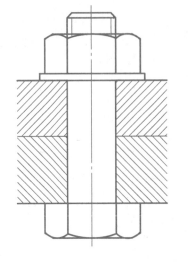
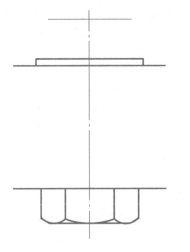

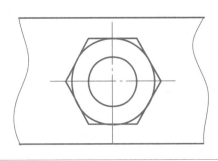
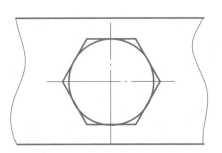

4. 下列四组螺钉联接的画法，判断正确的是（　　　）。

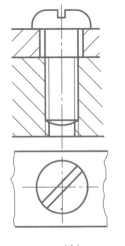
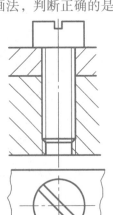
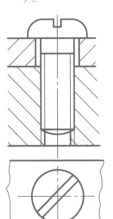
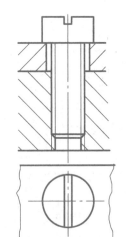

（1）　　　　　（2）　　　　　（3）　　　　　（4）

A.（1）、（3）正确　　　　　C.（2）、（4）正确

B.（3）正确　　　　　　　　D.（2）正确

专业及班级	姓名及学号	审阅	成绩

8-4 螺纹紧固件（二）

1. 作业内容

在右图中完成螺栓、双头螺柱、螺钉联接图。

2. 作业目的及要求

掌握螺栓、双头螺柱、螺钉、螺母、垫圈的查表、选用及其联接的近似比例画法和规定标记的写法。

3. 作业指导

1）A3 图纸横放。

2）在 O_1 处画双头螺柱联接。

双头螺柱　GB 897　M12×35

螺母　GB/T 6170　M12

垫圈　GB 93　12

被联接零件的材料为 45 钢。

3）在 O_2 处画螺栓联接。

螺栓　GB/T 5782　M20×65

螺母　GB/T 6170　M20

垫圈　GB/T 97.1　20

4）在 O_3 处画螺钉联接。

螺钉　GB/T 65　M10×35

5）图名与比例。

图名：螺纹紧固件联接。

比例：1:1。

6）右图中的尺寸供画图时用，不必标注。

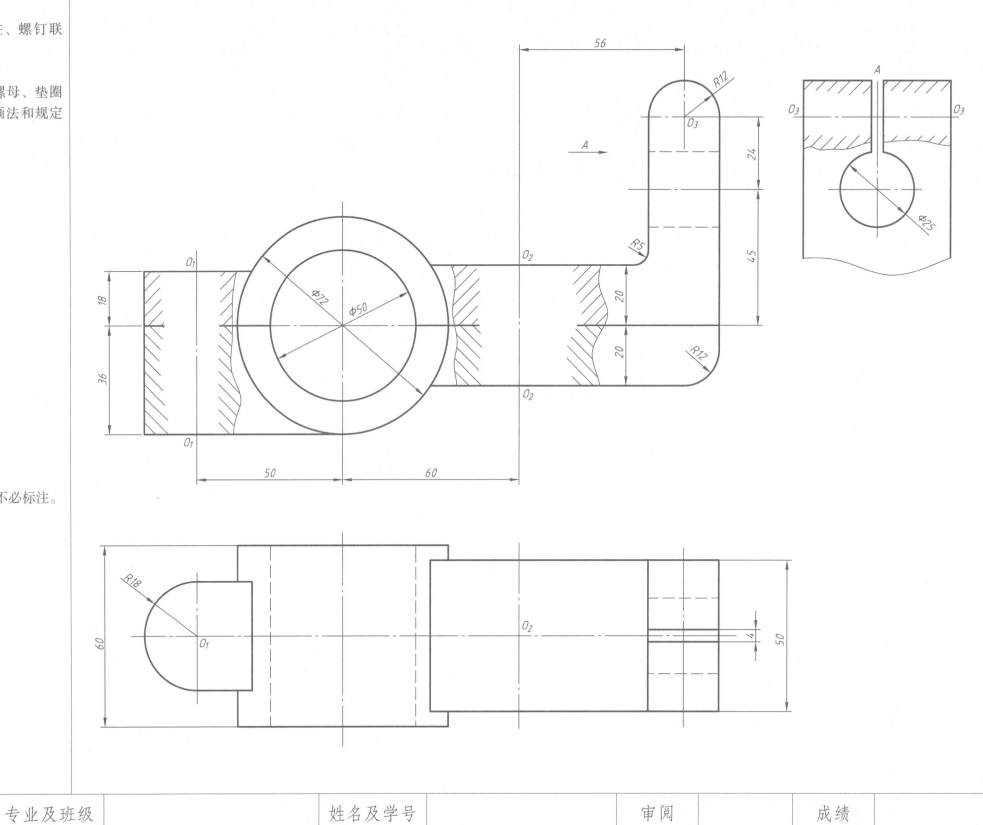

专业及班级		姓名及学号		审阅		成绩	

1. 已知齿轮和轴，用 A 型普通平键联结，轴孔直径为 25mm，键的长度为 20mm。

1）写出键的标记。

2）查表确定键和键槽的尺寸，用 1:1 的比例画全下列各视图和断面图，并标注键槽的尺寸。

键的标记_____

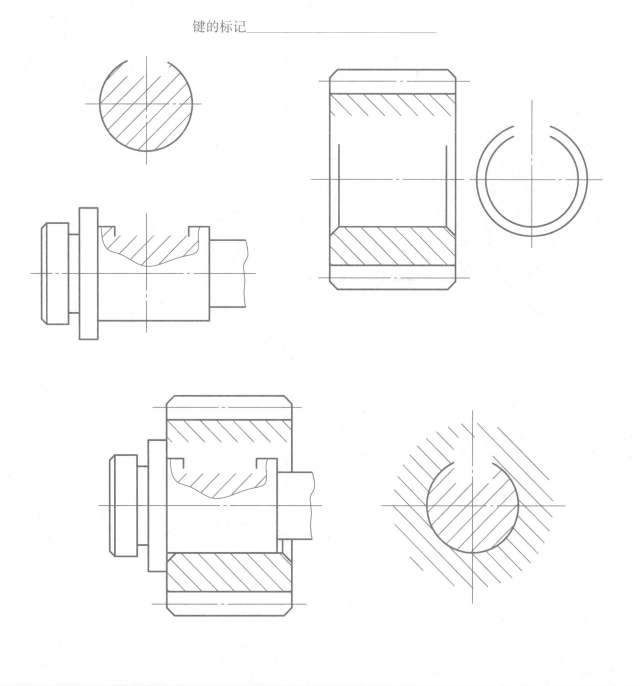

2. 销及销联接。

1）选出适当长度的 ϕ5mm 圆锥销，画出销联接的装配图，并写出销的标记。

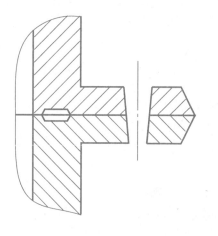

标记_____

2）选出适当长度的 ϕ6mm 圆柱销，画出销联接的装配图，并写出销的标记。

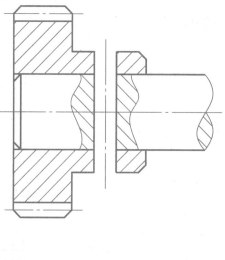

标记_____

专业及班级		姓名及学号		审阅		成绩	

8-6　滚动轴承

1. 解释下列滚动轴承代号的含义。

61805

内径　＿＿＿＿＿＿＿＿＿＿

尺寸系列　＿＿＿＿＿＿＿＿＿＿

轴承类型　＿＿＿＿＿＿＿＿＿＿

30306

内径　＿＿＿＿＿＿＿＿＿＿

尺寸系列　＿＿＿＿＿＿＿＿＿＿

轴承类型　＿＿＿＿＿＿＿＿＿＿

51306

内径　＿＿＿＿＿＿＿＿＿＿

尺寸系列　＿＿＿＿＿＿＿＿＿＿

轴承类型　＿＿＿＿＿＿＿＿＿＿

2. 滚动轴承代号为 30306 GB/T 297—2015，查表确定其尺寸，并用规定画法在轴端画出轴承与轴的装配图。

查表得滚动轴承 30306 尺寸：

$d =$

$D =$

$T =$

$B =$

$C =$

3. 滚动轴承代号为 6205 GB/T 276—2013，查表确定其尺寸，并用规定画法在轴端画出轴承与轴的装配图。

查表得滚动轴承 6205 尺寸：

$d =$

$D =$

$B =$

4. 已知阶梯轴两端支承轴肩处的直径分别为 30mm 和 20mm，用 1:1 的比例按特征画法画全支承处的深沟球轴承。

深沟球轴承 6306
GB/T 276 — 2013

深沟球轴承 6304
GB/T 276 — 2013

$\phi 30$　　$\phi 20$

专业及班级		姓名及学号		审阅		成绩	

1. 已知直齿圆柱齿轮模数 $m = 8mm$，齿数 $z = 27$，计算该齿轮的分度圆、齿顶圆和齿根圆直径，用 1:2 的比例完成下列两视图，标注尺寸（轮齿部分倒角为 C3）。

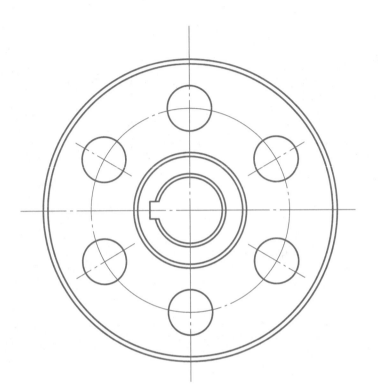

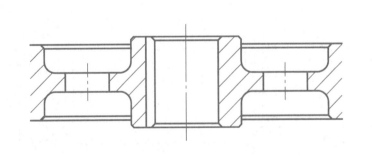

2. 已知大齿轮模数 $m = 6mm$，齿数 $z = 25$，两啮合齿轮的中心距为 108mm，试计算大、小两齿轮的分度圆、齿顶圆和齿根圆直径及传动比，并用 1:2 的比例完成下列两视图。

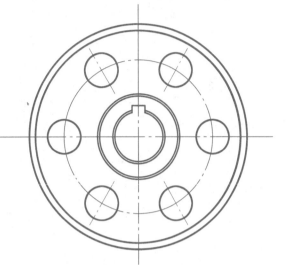

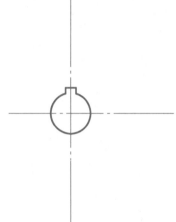

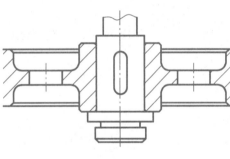

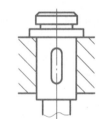

分度圆直径

$d_1 =$

$d_2 =$

齿顶圆直径

$d_{a1} =$

$d_{a2} =$

齿根圆直径

$d_{f1} =$

$d_{f2} =$

传动比

$i =$

8-8 齿轮和弹簧（二）

1. 齿轮组装配图练习。

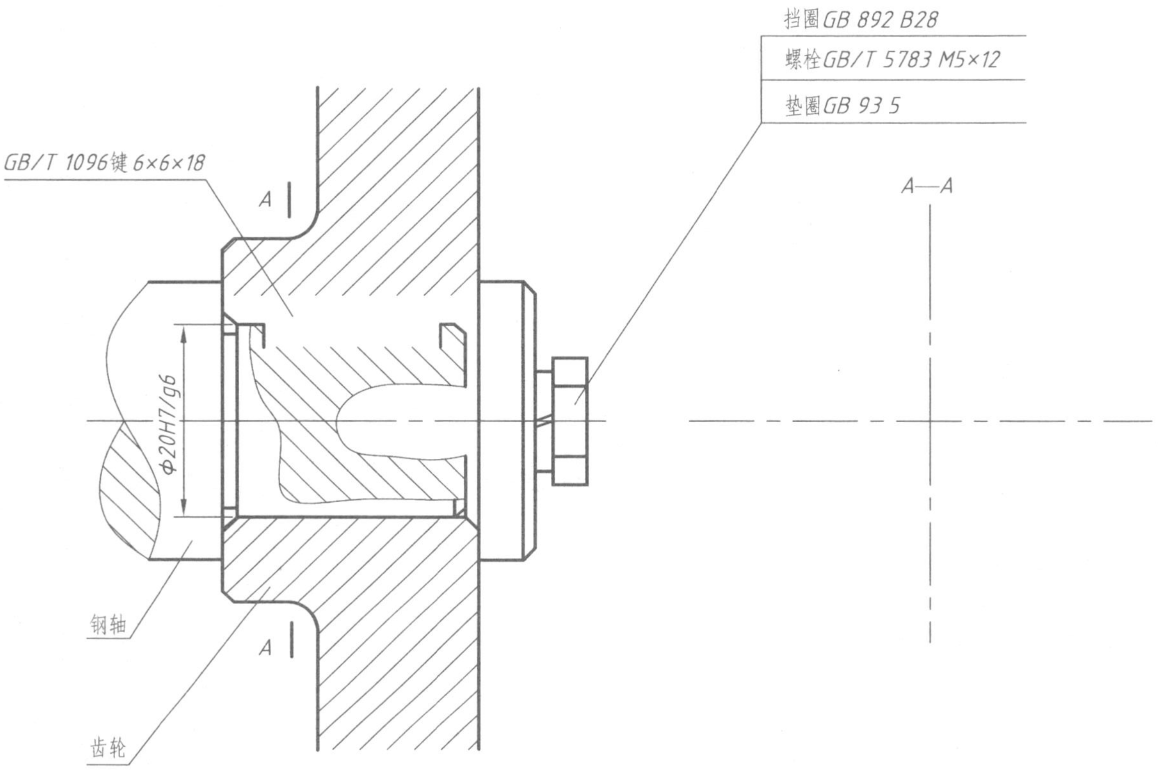

作业要求

1. 在指定位置处画出 A—A 断面图，并在该断面上标注键槽的尺寸。

2. 标准直齿圆柱齿轮 m = 3mm，z = 25，轮齿宽 15mm，轮齿倒角 C1，试计算齿轮的尺寸，完成该齿轮组装配图（包括轮齿、键、螺栓，并注全装配图的尺寸。

3. 回答下列问题。

   (1) 该齿轮组由___个零件组成，其中标准件有___个。

   (2) 图中尺寸 φ20H7/g6 表示___

齿轮尺寸的计算：

$d =$

$d_a =$

$d_f =$

挡圈 GB 892 B28

螺栓 GB/T 5783 M5×12

垫圈 GB 93 5

A—A

GB/T 1096键 6×6×18

A

φ20H7/g6

A

钢轴

齿轮

2. 已知圆柱螺旋压缩弹簧的簧丝直径为 5mm，弹簧外径为 55mm，节距为 10mm，有效圈数为 7，支承圈数为 2.5，按 1:1 的比例画出弹簧的全剖视图并标注尺寸和计算弹簧丝的展开长度。

| 专业及班级 | 姓名及学号 | 审阅 | 成绩 |

9-1 零件图的技术要求（一）

1. 将下表中的表面结构要求标注在图中相应的表面上。

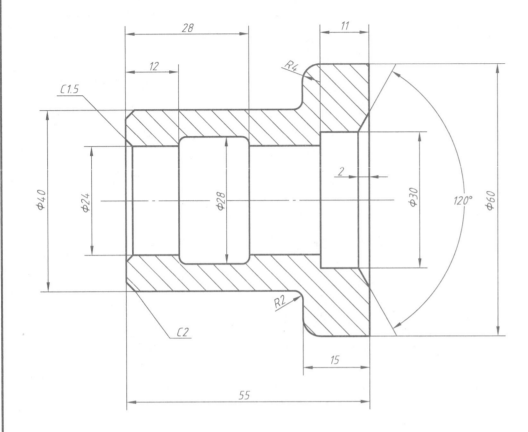

此零件加工质量要求最高的表面是_____。

表面	性质	Ra 上限值
$\phi24\text{mm}$ 孔内表面	加工表面	$3.2\mu m$
左右端面	加工表面	$6.3\mu m$
$C2$、$C1.5$ 倒角	加工表面	$12.5\mu m$
$120°$ 锥孔表面	加工表面	$12.5\mu m$
$\phi30\text{mm}$ 孔内表面	加工表面	$6.3\mu m$
其余表面	非加工表面	

2. 已知孔的公称尺寸为 $\phi30\text{mm}$，基本偏差代号为 H，公差等级为 IT7；轴的公称尺寸为 $\phi20\text{mm}$，基本偏差代号为 f，公差等级为 IT7。

1）孔的上极限偏差为_____，下极限偏差为_____，公差为_____。

2）轴的上极限偏差为_____，下极限偏差为_____，公差为_____。

3）以极限偏差形式标注孔、轴的尺寸。

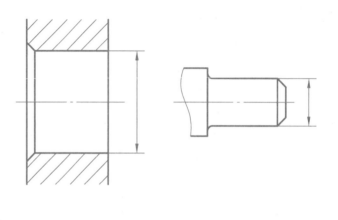

3. 根据零件图上标注的轴和孔的极限偏差数值，在装配图上标注出相应的配合代号。

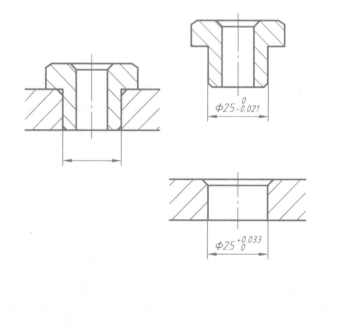

$\phi25^{0}_{-0.021}$

$\phi25^{+0.033}_{0}$

专业及班级		姓名及学号		审阅		成绩	

已知某组件中零件间的配合尺寸如下图所示，试回答以下问题。

1）说明配合尺寸 φ28H6/r5 的含义。

① φ28 表示_____。

② r 表示_____。

③ 此配合是_____制_____配合。

④ 5、6 表示_____。

2）说明配合尺寸 φ18H7/g6 的含义。

① φ18 表示_____。

② H 表示_____。

③ 此配合是_____制_____配合。

④ 7、6 表示_____。

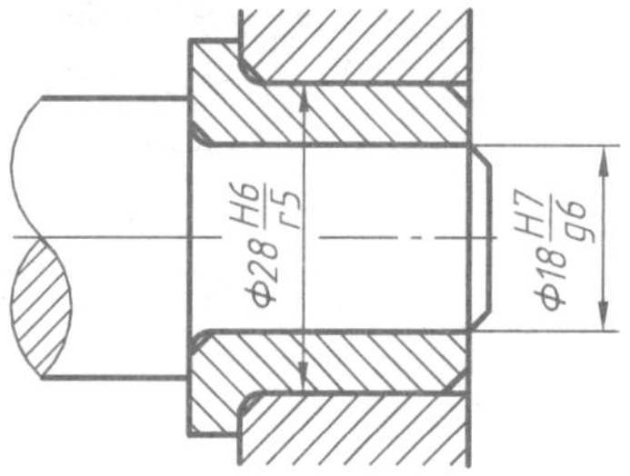

3）根据装配图中所注的配合尺寸，标注零件图的相应尺寸（要求注出尺寸的上、下极限偏差）。

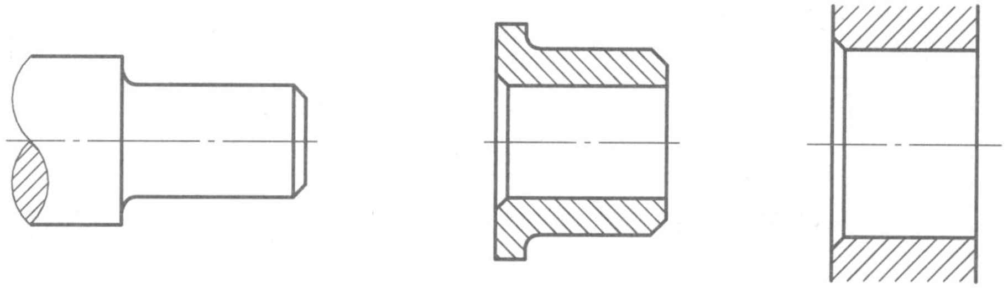

4）画出 φ28H6/r5 和 φ18H7/g6 的公差带图。

5）计算配合尺寸 φ18H7/g6 中的上、下极限尺寸。

孔：上极限尺寸为_____；   轴：上极限尺寸为_____；

下极限尺寸为_____。   下极限尺寸为_____。

专业及班级		姓名及学号		审阅		成绩	

9-3 零件图识读与绘制（一）

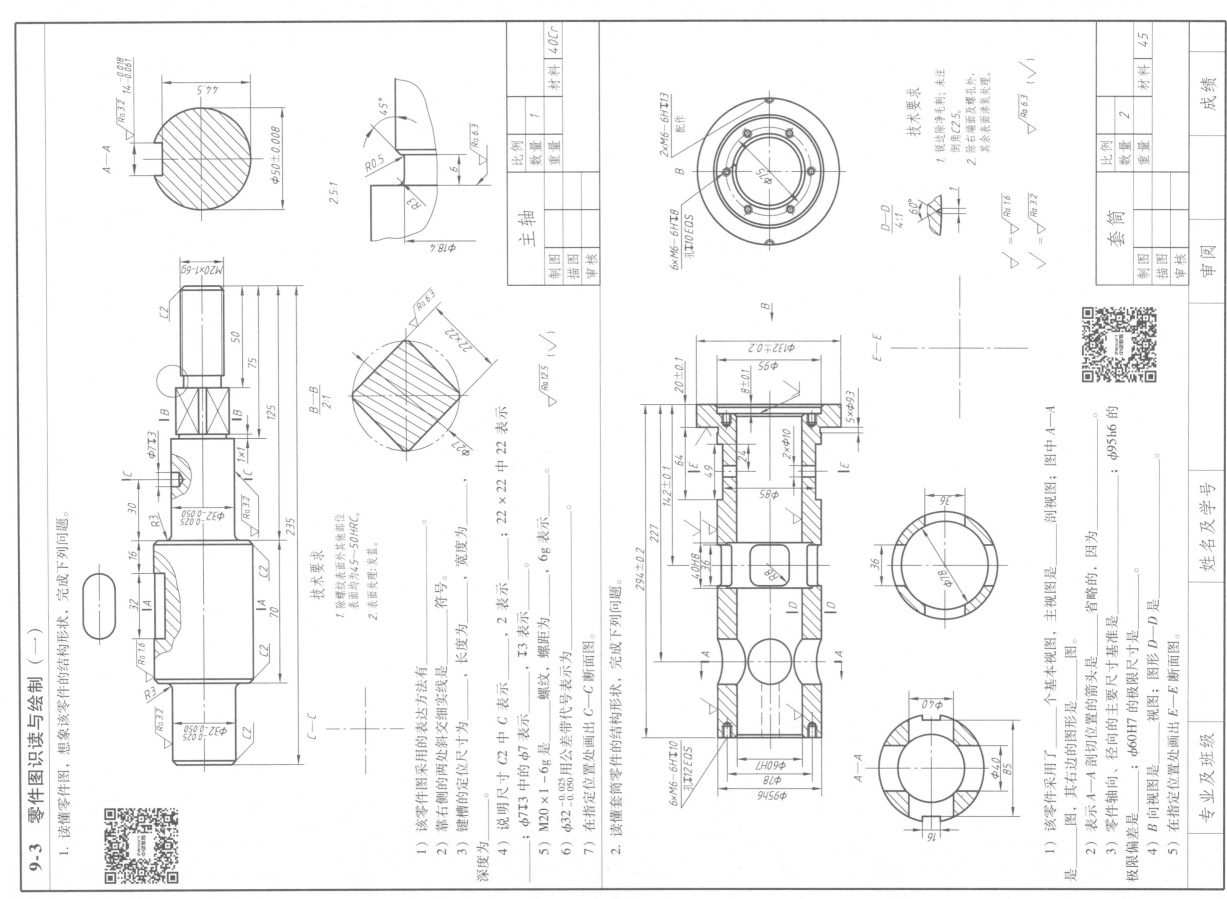

1. 读懂零件图，想象该零件的结构形状，完成下列问题。

1) 该零件图采用的表达方法有＿＿＿＿＿。

2) 靠右侧的两处斜交细实线是＿＿＿＿＿符号。

3) 键槽的定位尺寸为＿＿＿＿＿，长度为＿＿＿＿＿，宽度为＿＿＿＿＿，深度为＿＿＿＿＿。

4) 说明尺寸 C2 中 C 表示＿＿＿＿＿，2 表示＿＿＿＿＿；22×22 中 22 表示＿＿＿＿＿；φ7⏌3 中的 φ7 表示＿＿＿＿＿，⏌3 表示＿＿＿＿＿。

5) M20×1-6g 是＿＿＿＿＿螺纹，螺距为＿＿＿＿＿，6g 表示＿＿＿＿＿。

6) φ32 $^{-0.025}_{-0.050}$ 用公差带代号表示为＿＿＿＿＿。

7) 在指定位置处画出 C—C 断面图。

技术要求

1. 除螺纹表面外其他部位表面淬火为45~50HRC。
2. 表面处理：发蓝。

$\sqrt{Ra\,6.3}$

$\sqrt{Ra\,12.5}$ （ $\sqrt{}$ ）

			主轴	比例		材料	40Cr
				数量	1		
制图				重量			
描图							
审核							

A—A 2.5:1

$\sqrt{Ra\,3.2}$ φ50±0.008 44.5

14 $^{-0.018}_{-0.061}$ φ18.4 45° R0.5 R3 6

$\sqrt{Ra\,6.3}$

M20×1-6G C2 50 75 125 235

φ7⏌3 R3 φ32 $^{-0.025}_{-0.050}$ 1×1 C2 30 16 32 70 B—B 2:1

$\sqrt{Ra\,3.2}$ $\sqrt{Ra\,1.6}$

C—C

---

2. 读懂套筒零件的结构形状，完成下列问题。

1) 该零件采用了＿＿＿＿＿个基本视图，主视图是＿＿＿＿＿剖视图；图中 A—A 是＿＿＿＿＿图，其右边的图形是＿＿＿＿＿图。

2) 表示 A—A 剖切位置的箭头是＿＿＿＿＿省略的，因为＿＿＿＿＿。

3) 零件轴向、径向的主要尺寸基准是＿＿＿＿＿；φ60H7 的极限尺寸是＿＿＿＿＿；φ95h6 的极限偏差是＿＿＿＿＿。

4) B 向视图是＿＿＿＿＿视图；图形 D—D 是＿＿＿＿＿图形。

5) 在指定位置处画出 E—E 断面图。

技术要求

1. 锐边去除净毛刺；未注倒角均为C2.5。
2. 除右端面及螺孔外，其余表面涂装处理。

2×M6—6H⏌13 配作 6×M6—6H⏌8 孔⏌10EQS φ75 B

D—D 4:1 60° 1

$\sqrt{Ra\,1.6}$ = $\sqrt{}$ $\sqrt{Ra\,3.2}$ = $\sqrt{}$

			套筒	比例		材料	45
				数量	2		
制图				重量			
描图							
审核							

294±0.2 227 142±1 64 20±0.1 8±0.1 φ132±0.2 φ95 5×φ93 φ85 58φ 24 49 36 4.0H8 36

φ18 36

φ40 φ40 85 16

6×M6—6H⏌10 孔⏌12EQS φ78 φ60H7 φ95h6

B E—E

$\sqrt{Ra\,6.3}$ （ $\sqrt{}$ ）

技术要求 套筒 材料 45

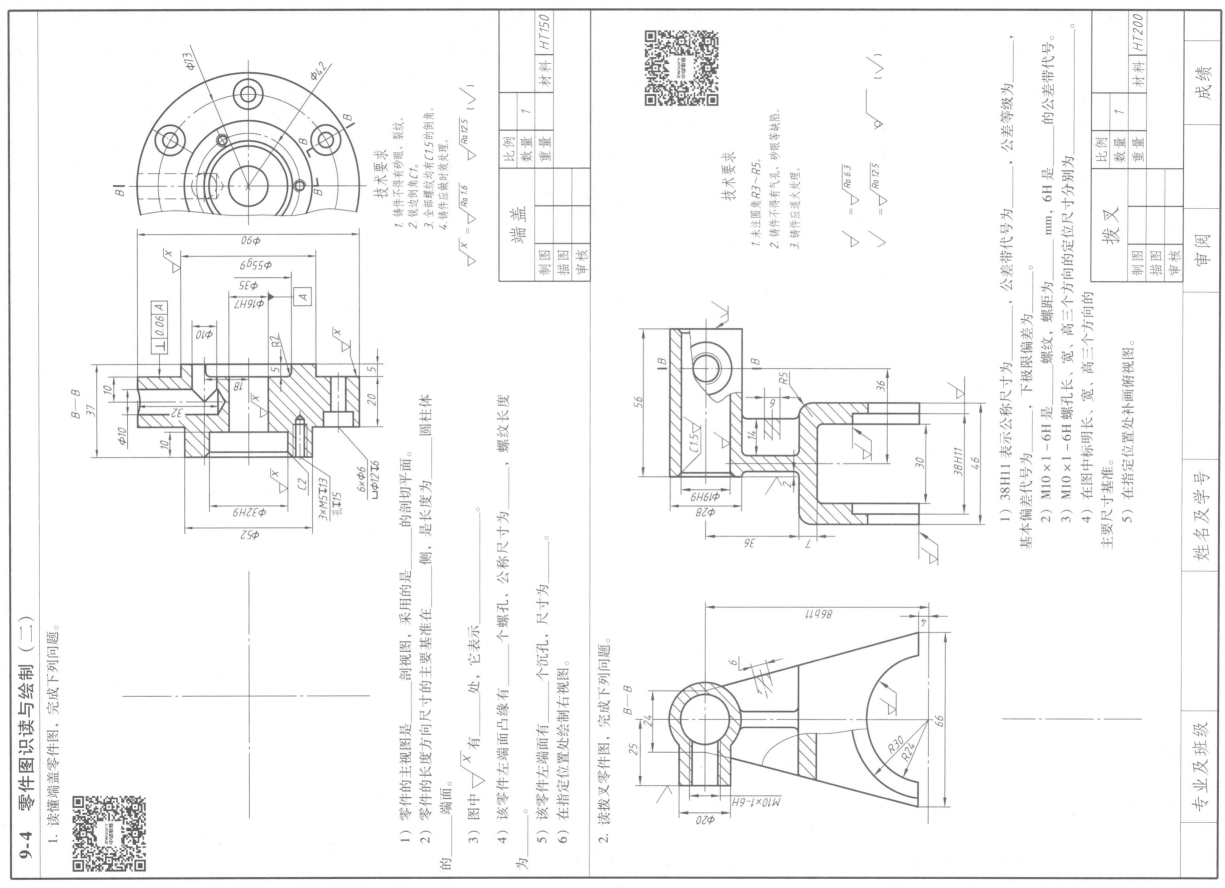

9-4 零件图识读与绘制（二）

1. 读懂端盖零件图，完成下列问题。

1）零件的主视图是_____剖视图，采用的是_____剖视图。

2）零件的长度方向尺寸的主要基准在_____侧，是长度_____的_____端面。

3）图中 ▽ⁿ 有_____处，它表示_____。

4）该零件左端面凸缘有_____个螺孔，公称尺寸为_____，螺纹长度_____。

5）该零件左端面有_____个沉孔，尺寸为_____。

6）在指定位置处绘制右视图。

2. 读拨叉零件图，完成下列问题。

1）38H11 表示公称尺寸为_____，公差带代号为_____，公差等级为_____，
基本偏差代号为_____，下极限偏差为_____。

2）M10×1-6H 是_____螺纹，螺距为_____mm，6H 是_____的公差带代号。

3）M10×1-6H 螺孔长_____，螺孔直径_____，高三个方向的定位尺寸分别为_____。

4）在图中标明长、宽、高三个方向的主要尺寸基准。

5）在指定位置处补画附视图。

技术要求
1. 铸件不得有砂眼、裂纹。
2. 锐边倒角 C1。
3. 全部螺纹均有 C1.5 的倒角。
4. 铸件应做时效处理。

▽ⁿ = ▽ Ra 1.6   ▽ Ra 12.5   (√)

端 盖		比例	1
		数量	
		重量	材料	HT150
制图			
描图			
审核			

技术要求
1. 未注圆角 R3～R5。
2. 铸件不得有气孔、砂眼等缺陷。
3. 铸件应退火处理。

▽ = ▽ Ra 6.3
▽ = ▽ Ra 12.5

拨 叉		比例	1
		数量	
		重量	材料	HT200
制图			
描图			
审核			

专业及班级   姓名及学号   审阅   成绩

· 65 ·

读懂壳体零件图，完成下列问题。

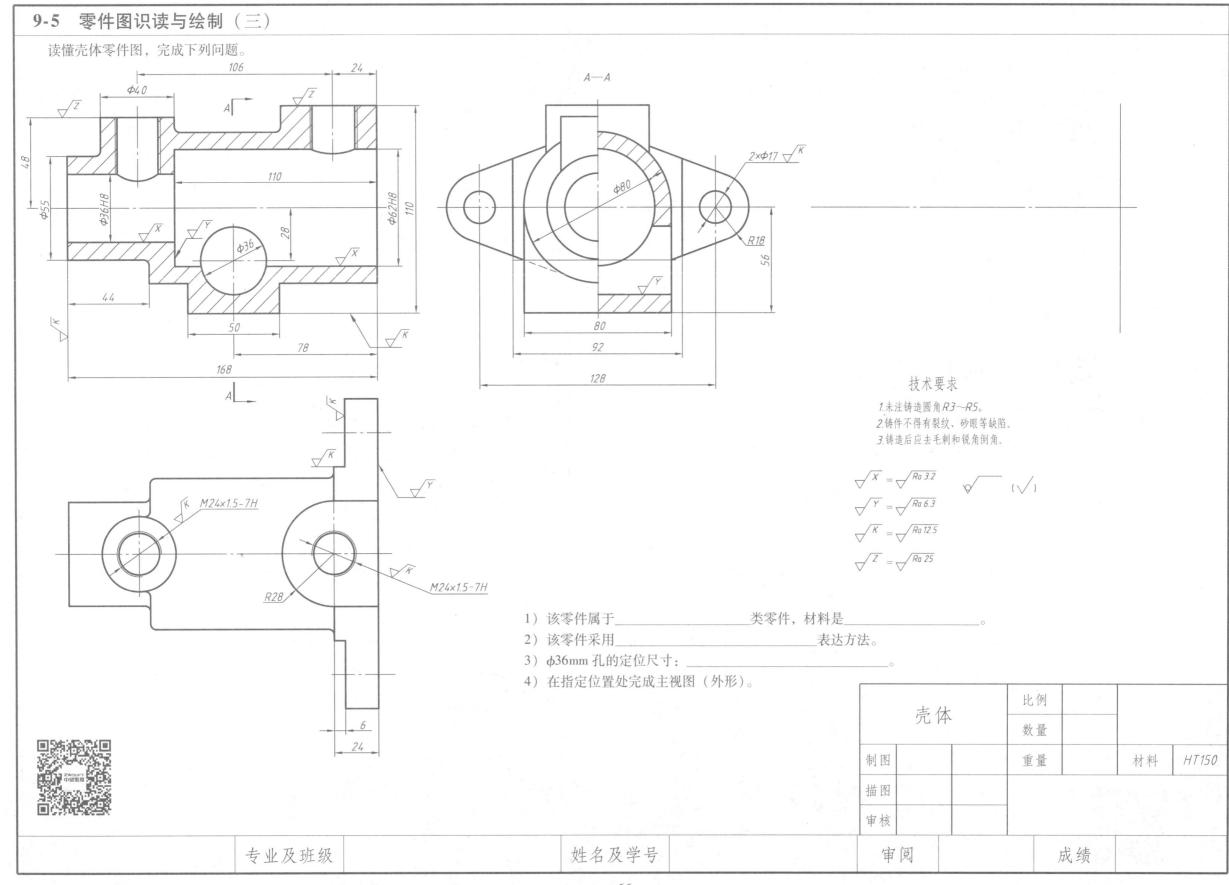

技术要求

1.未注铸造圆角R3～R5。
2.铸件不得有裂纹、砂眼等缺陷。
3.铸造后应去毛刺和锐角倒角。

$\sqrt{X} = \sqrt{Ra\ 3.2}$　　$\sqrt{}$　（$\sqrt{}$）

$\sqrt{Y} = \sqrt{Ra\ 6.3}$

$\sqrt{K} = \sqrt{Ra\ 12.5}$

$\sqrt{Z} = \sqrt{Ra\ 25}$

1）该零件属于_____类零件，材料是_____。
2）该零件采用_____表达方法。
3）ϕ36mm 孔的定位尺寸：_____。
4）在指定位置处完成主视图（外形）。

壳体		比例		
		数量		
制图		重量		材料	HT150
描图				
审核				

专业及班级	姓名及学号	审阅		成绩	

读懂壳体零件图，完成下列问题。

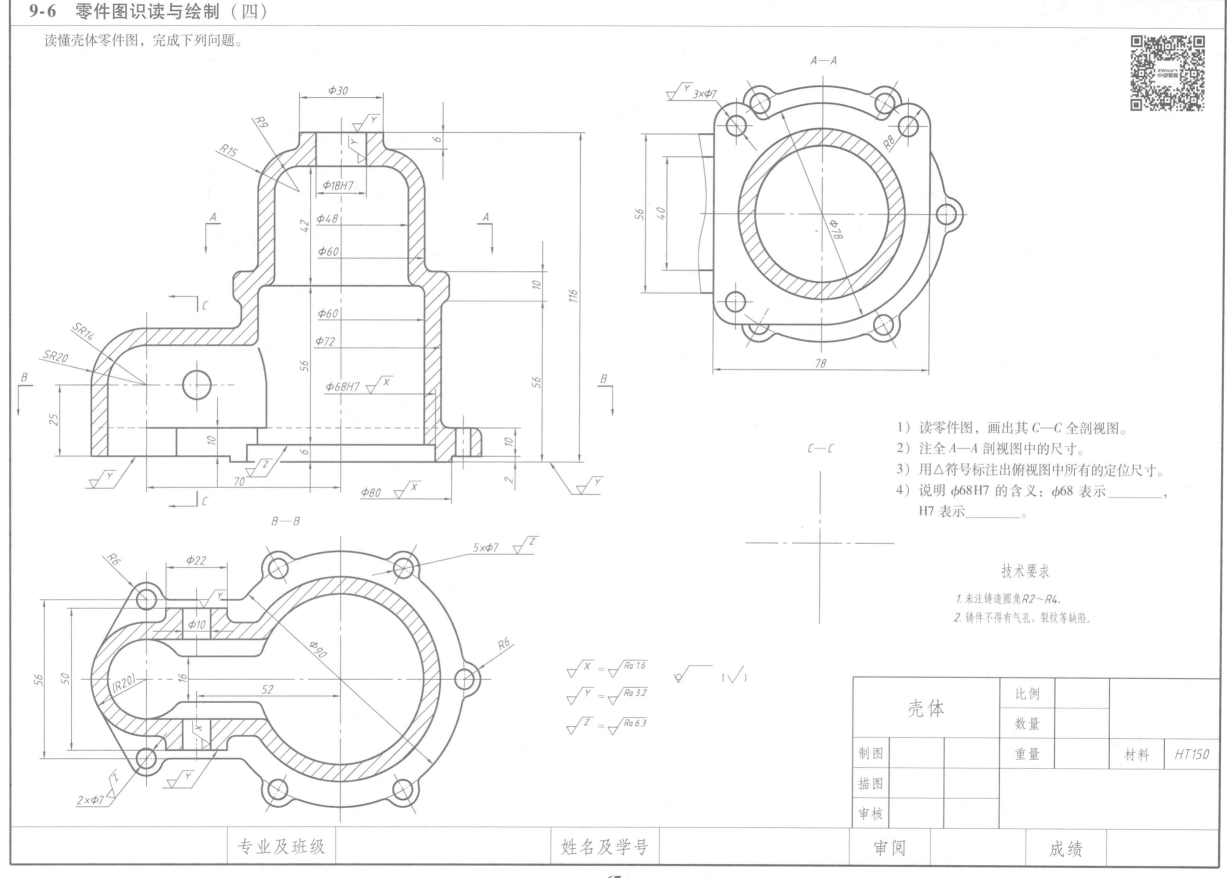

1）读零件图，画出其 C—C 全剖视图。

2）注全 A—A 剖视图中的尺寸。

3）用 △ 符号标注出俯视图中所有的定位尺寸。

4）说明 φ68H7 的含义：φ68 表示_____，

H7 表示_____。

技术要求

1. 未注铸造圆角 R2~R4。

2. 铸件不得有气孔、裂纹等缺陷。

壳体		比例		
		数量		
制图		重量		
描图			材料	HT150
审核				

专业及班级		姓名及学号		审阅		成绩	

根据所给零件的立体图，利用三维软件构造零件。

（1）

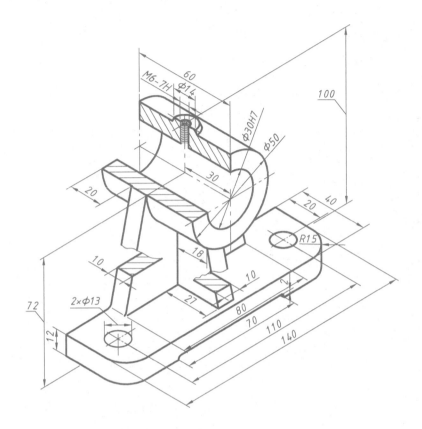

各表面结构要求 Ra 的极限值为：

轴承孔 φ30H7 内表面为 3.2μm。

轴承前后端面与凸台上表面为 6.3μm。

2 × φ13mm 通孔内表面为 25μm。

螺孔内表面与底板底面为 12.5μm。

其余为非加工表面。

名称：轴承座。

材料：HT200。

未注铸造圆角 R2。

（2）

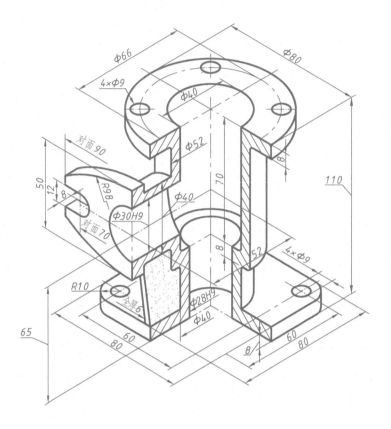

各表面结构要求 Ra 的极限值为：

φ30H9、φ28H9 孔内表面为 3.2μm。

顶面、底面和法兰盘左端面均为 12.5μm。

4 × φ9mm 孔内表面为 12.5μm。

宽 12mm 的槽孔表面为 12.5μm。

其余为非加工表面。

名称：三通。

材料：HT150。

未注铸造圆角 R2。

专业及班级		姓名及学号		审阅		成绩	

10-1 拼绘装配图练习

根据齿轮泵零件图和装配示意图：①拼绘齿轮泵的装配图；②*利用三维软件创建齿轮泵的三维模型，并生成工程图和爆炸图。

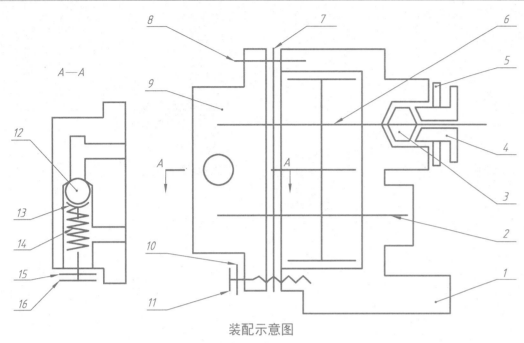

装配示意图

工作原理

主动齿轮轴 6 带动从动齿轮轴 2 旋转，使右边吸油腔形成部分真空，润滑油被吸入并充满齿槽，由于齿轮旋转，润滑油沿着壳壁被带到左边压油腔内，由于齿轮啮合使齿槽内润滑油被挤压，从而产生高压油输出。在泵盖上有限压阀装置，当油压超过规定值，高压油就克服弹簧 14 压力，将钢珠 12 阀门顶开，使润滑油自压油腔流回吸油腔，以保证整个润滑系统安全工作。

16	螺塞	1	Q235	
15	小垫片	1	工业用纸	
14	弹簧	1	65Mn	
13	钢珠定位圈	1	10	
12	钢珠	1	40Cr	1/2″
11	螺栓 M6×20	6	Q235	GB/T 5782—2016
10	垫圈 6	6	Q215	GB/T 97.1—2002
9	泵盖	1	HT200	
8	圆柱销 φ5×16	2	35	GB/T 119.1—2000
7	垫片	1	工业用纸	
6	主动齿轮轴	1	45	$m=3mm$，$z=14$
5	锁紧螺母	1	Q235	
4	填料压盖	1	Q235	
3	填料	1	石棉	
2	从动齿轮轴	1	45	$m=3mm$，$z=14$
1	泵体	1	HT200	
序号	名称	数量	材料	备注

(1)

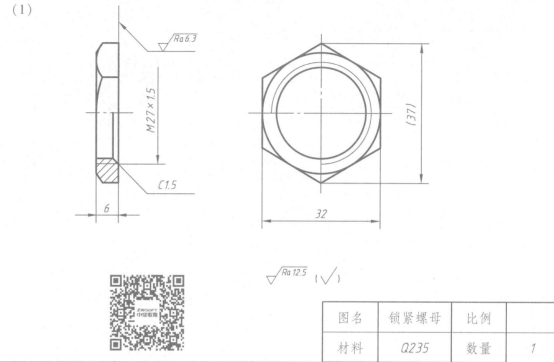

图名	锁紧螺母	比例	
材料	Q235	数量	1

(2)

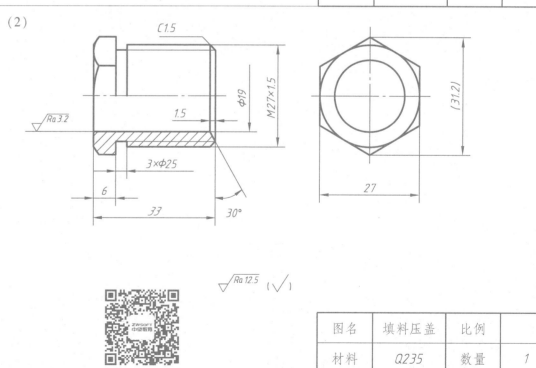

图名	填料压盖	比例	
材料	Q235	数量	1

专业及班级		姓名及学号		审阅		成绩	

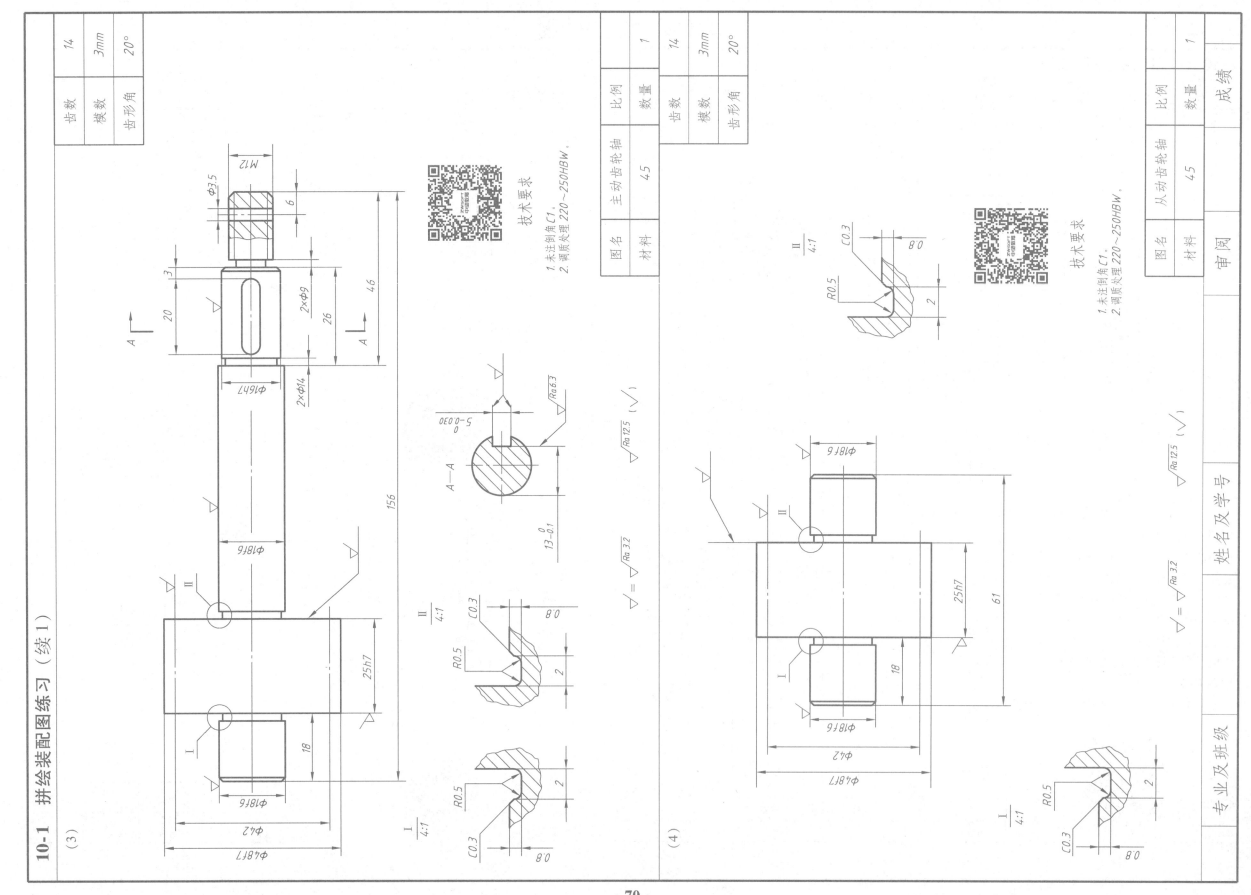

10-1 拼绘装配图练习（续 1）

· 70 ·

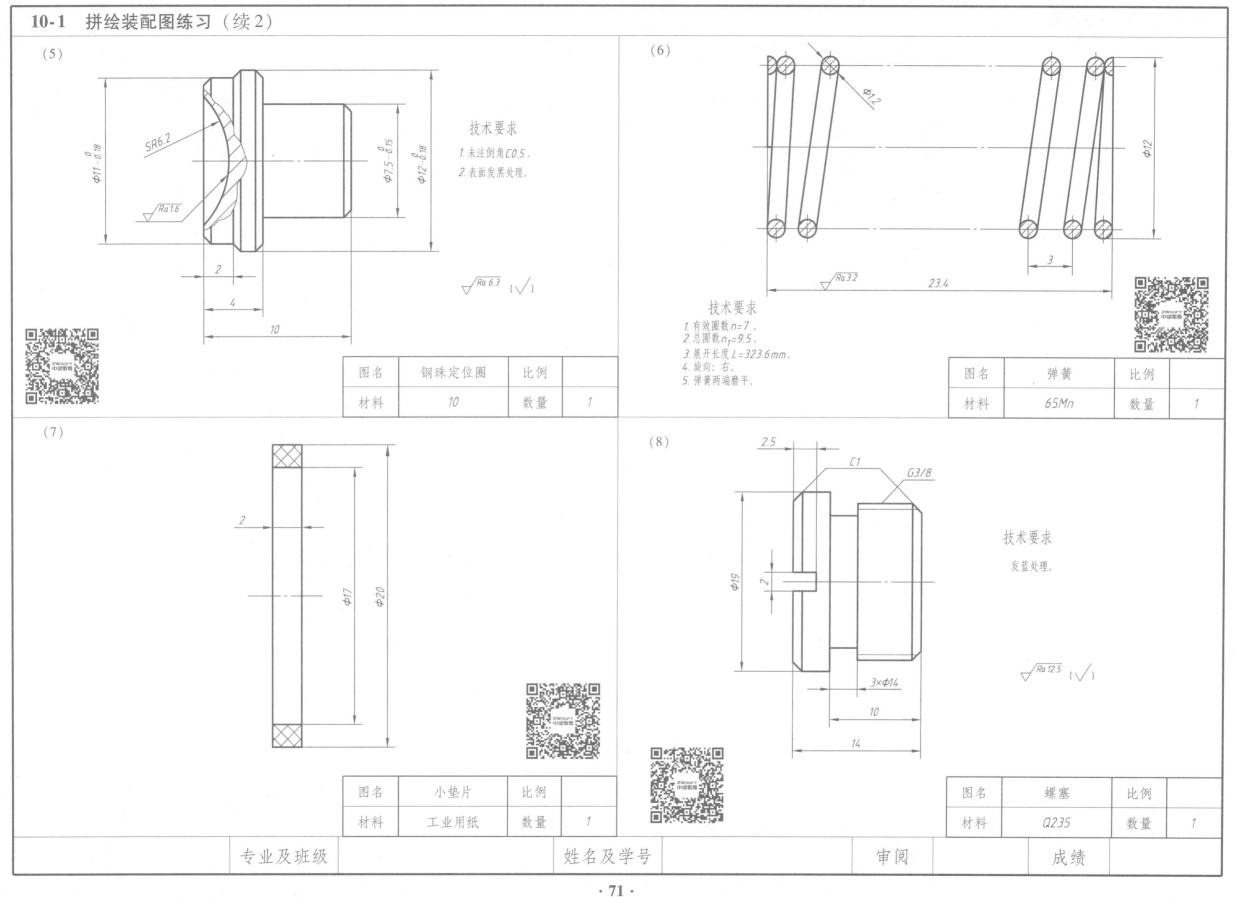

(5)

SR6.2

$\phi 11_{-0.18}^{0}$

$\phi 7.5_{-0.15}^{0}$

$\phi 12_{-0.18}^{0}$

Ra 1.6

2

4

10

技术要求

1. 未注倒角C0.5。
2. 表面发黑处理。

Ra 6.3 (√)

图名	钢珠定位圈	比例	
材料	10	数量	1

(6)

$\phi 1.2$

$\phi 12$

3

Ra 3.2

23.4

技术要求

1. 有效圈数n=7。
2. 总圈数n_1=9.5。
3. 展开长度 L=323.6mm。
4. 旋向：右。
5. 弹簧两端磨平。

图名	弹簧	比例	
材料	65Mn	数量	1

(7)

2

$\phi 17$

$\phi 20$

图名	小垫片	比例	
材料	工业用纸	数量	1

(8)

2.5

C1

G3/8

$\phi 19$

2

3×$\phi 14$

10

14

技术要求

发蓝处理。

Ra 12.5 (√)

图名	螺塞	比例	
材料	Q235	数量	1

专业及班级		姓名及学号		审阅		成绩	

(9)

(10)

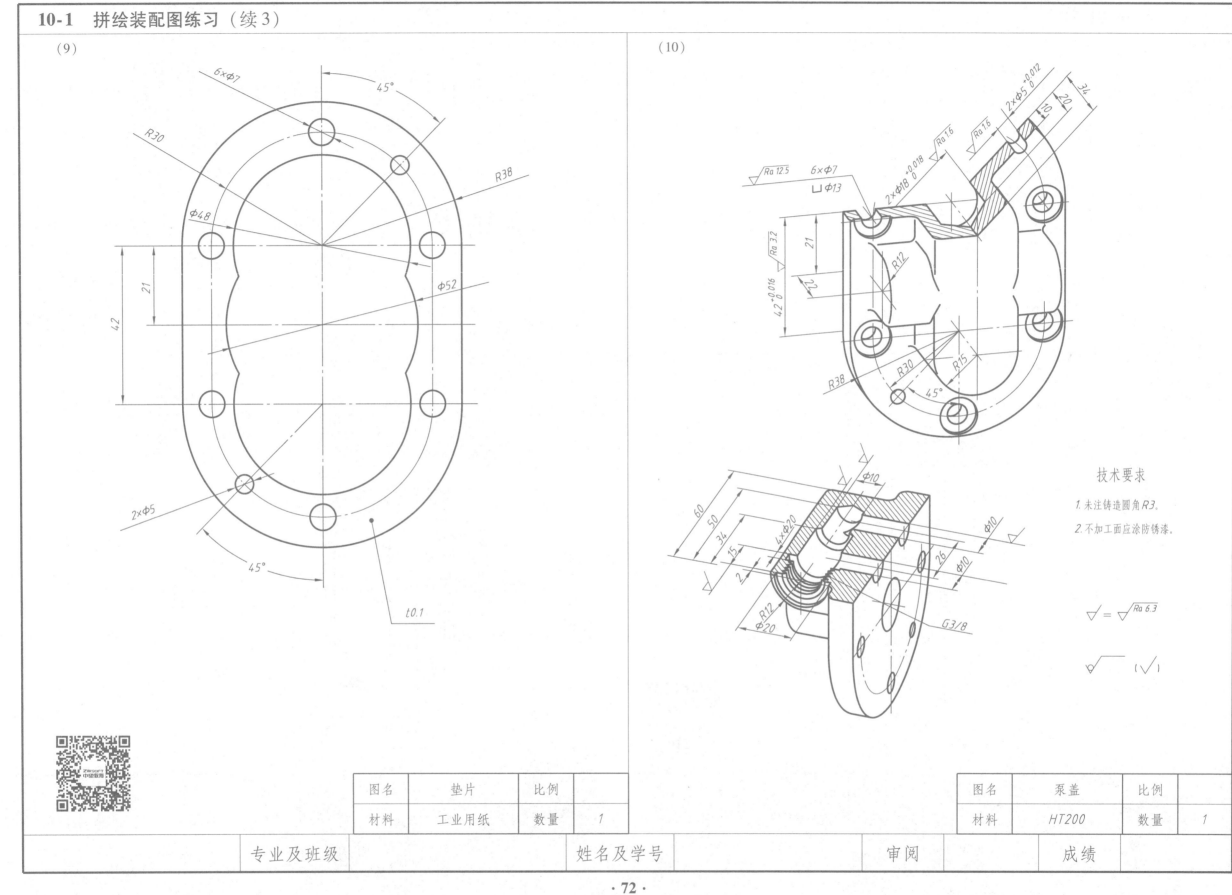

技术要求

1. 未注铸造圆角R3。

2. 不加工面应涂防锈漆。

$\sqrt{} = \sqrt{Ra\ 6.3}$

$\sqrt{}$ ($\sqrt{}$)

图名	垫片	比例	
材料	工业用纸	数量	1

图名	泵盖	比例	
材料	HT200	数量	1

专业及班级		姓名及学号		审阅		成绩	

(11)

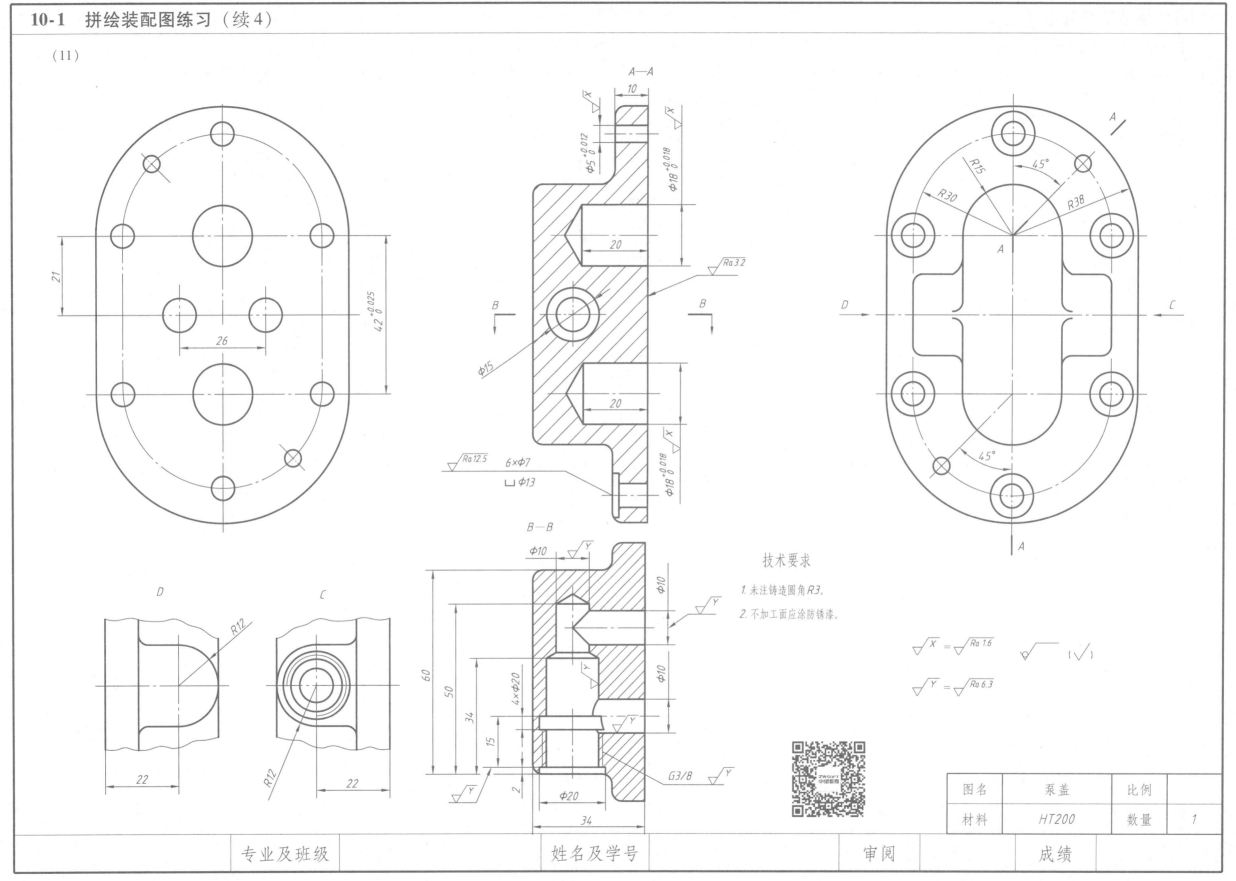

技术要求

1. 未注铸造圆角R3。

2. 不加工面应涂防锈漆。

$\sqrt{X} = \sqrt{Ra\,1.6}$　　$\sqrt{}$　（$\sqrt{}$）

$\sqrt{Y} = \sqrt{Ra\,6.3}$

图名	泵盖	比例	
材料	HT200	数量	1

专业及班级	姓名及学号	审阅	成绩

（12）

A—A

65

35

23

20

$\phi 5^{\ 0}_{-0.012}$

8

$\phi 4.8^{\ +0.039}_{\ 0}$

$25^{\ 0}_{-0.03}$

23

$\phi 18^{\ +0.018}_{\ 0}$

M27×1.5

$\phi 40$

C2

13

$\phi 4.8^{\ +0.039}_{\ 0}$

$\phi 18^{\ +0.018}_{\ 0}$

20

$\phi 30$

4

18

6×M6

10

15

44

84

$42^{\ +0.039}_{\ 0}$

B—B

55

58

10

80

108

R30

45°

R38

$\phi 52$

$\phi 20$

Rp3/8

92

71

45°

A

A

2×$\phi 11$
$\phi 22$

10

4

42

技术要求

1. 未注铸造圆角R3。

2. 不加工面应涂防锈漆。

$\sqrt{X} = \sqrt{Ra\ 1.6}$

$\sqrt{} = \sqrt{Ra\ 3.2}$

$\sqrt{} = \sqrt{Ra\ 6.3}$

$\sqrt{} = \sqrt{Ra\ 12.5}$

图名	泵体	比例	
材料	HT200	数量	1

专业及班级		姓名及学号		审阅		成绩	

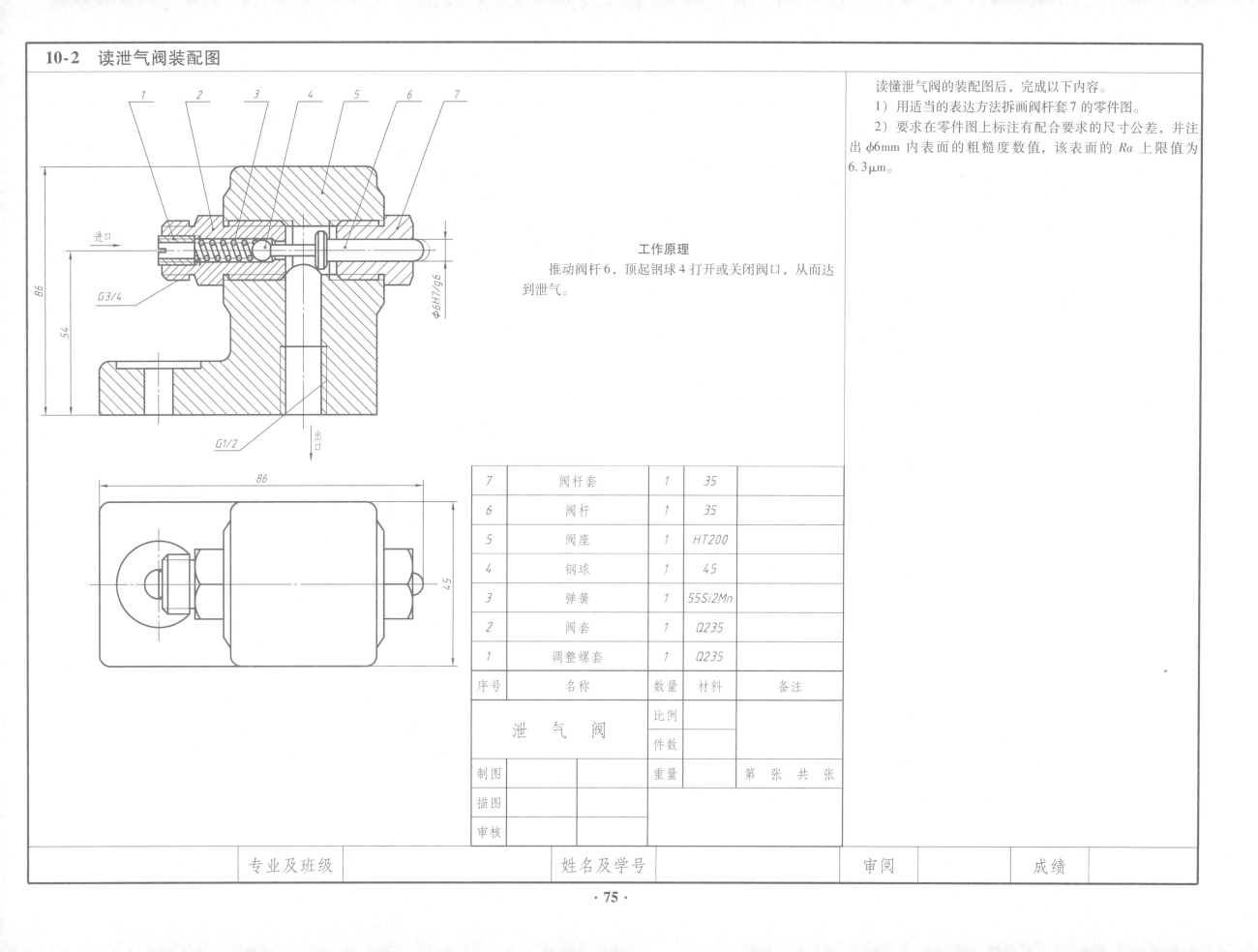

进口

$G3/4$

86

54

$\phi 6H7/g6$

出口

$G1/2$

86

45

读懂泄气阀的装配图后，完成以下内容。

1）用适当的表达方法拆画阀杆套7的零件图。

2）要求在零件图上标注有配合要求的尺寸公差，并注出 $\phi 6mm$ 内表面的粗糙度数值，该表面的 Ra 上限值为 $6.3\mu m$。

工作原理

推动阀杆6，顶起钢球4打开或关闭阀口，从而达到泄气。

7	阀杆套	1	35	
6	阀杆	1	35	
5	阀座	1	HT200	
4	钢球	1	45	
3	弹簧	1	55Si2Mn	
2	阀套	1	Q235	
1	调整螺套	1	Q235	
序号	名称	数量	材料	备注

泄　气　阀		比例		
		件数		
制图		重量		第　张　共　张
描图				
审核				

专业及班级	姓名及学号	审阅		成绩	

10-3　读阀门装配图

1. 回答问题。
2. 拆画阀体 1 的零件图。
3.* 利用三维软件创建阀体 1 的三维模型，并生成其工程图。

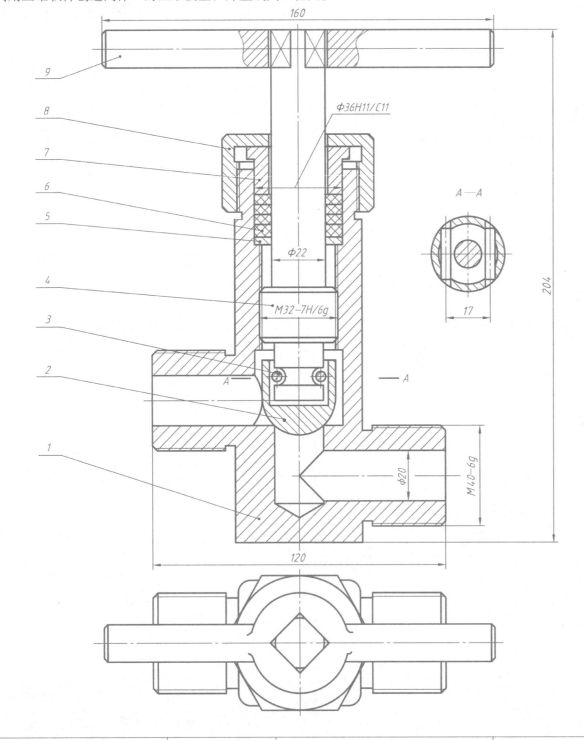

工作原理

　　转动手柄 9 使轴 4 升降，带动活门 2 打开或关闭阀口。连接活门 2 与轴 4 的圆柱销 3 处于轴的环形槽中。当拧紧阀门时，活门不会转动。

问答题：

　　1）简要说明活门 2 的拆卸顺序是：＿＿。

　　2）回答配合代号 φ36H11/C11 的含义。

　　公称尺寸是＿＿＿＿＿；孔和轴的公差等级均为＿＿＿＿＿；配合为＿＿＿＿＿制＿＿＿＿＿配合。

9	手柄	1	HT200	
8	螺母	1	HT200	GB/T 6170—2015
7	后盖	1	HT200	
6	填料	1	石棉绳	
5	垫圈	1	Q235A	GB/T 97.1—2002
4	轴	1	45	
3	圆柱销	2	45	GB/T 119.1—2000
2	活门	1	45	
1	阀体	1	HT200	
序号	名称	数量	材料	备注
阀门		比例		
		件数		
制图		重量		共　张　第　张
描图				
审核				

专业及班级		姓名及学号		审阅		成绩	

1. 工作原理

气缸是利用压缩空气作为动力，推动机件运动的部件。

当压缩空气从后盖 11 上的 Rc1/4 孔进入，推动活塞 8 和活塞杆 1 向左移动（活塞杆的左端连接工作机构），即为工作行程，这时，气缸左腔中的空气从前盖 3 上的 Rc1/4 孔中排出。工作完成后，气动系统中的换向元件使压缩空气从前盖的 Rc1/4 孔中进入，活塞和活塞杆便向右移动到图示位置，即为回程，这时，气缸右腔中的空气通过后盖上的 Rc1/4 孔排出，然后系统中的换向元件又使活塞和活塞杆实现工作行程，如此往复循环。

2. 完成下列各题

1）装配体的名称是＿＿＿＿＿，共由＿＿＿＿＿种零件组成。

2）该装配图是由＿＿＿＿＿个视图组成，其中主视图采用了＿＿＿＿＿，C、D 向局部视图的目的是＿＿＿＿＿＿＿＿＿＿＿。

3）图中活塞杆 1 与前盖 3 的配合是＿＿＿＿＿，活塞杆 1 与活塞 8 的配合是＿＿＿＿＿。

4）该气缸的安装尺寸是＿＿＿＿＿＿＿＿＿。

5）密封圈 2 的作用：＿＿＿＿＿＿＿。

6）简述该装配体的拆卸顺序：＿＿＿＿＿

7）拆画前盖 3 的零件图。

8)* 利用三维软件创建前盖 3 的三维模型，并生成其工程图。

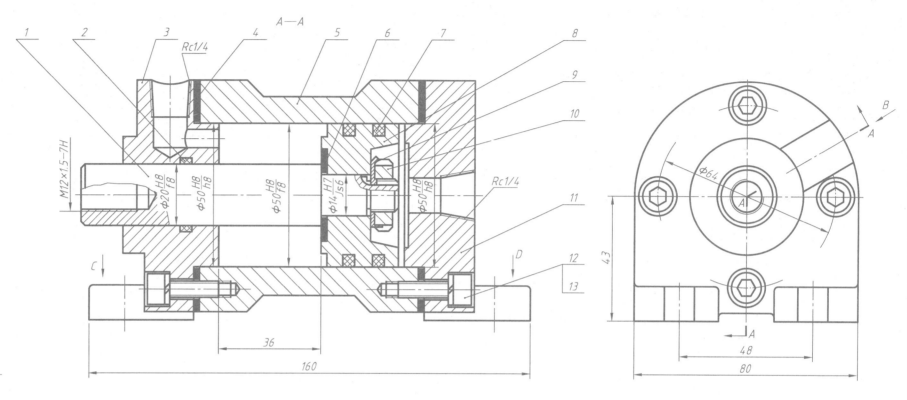

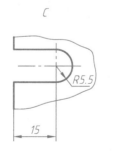

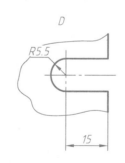

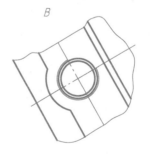

8	活塞	1	ZAlSi12	
7	密封圈	2	橡胶	
6	垫片	1	橡胶石棉板	
5	缸筒	1	HT200	
4	垫片	2	橡胶石棉板	
3	前盖	1	HT150	
2	密封圈	1	橡胶	
1	活塞杆		45	
序号	名 称	数量	材 料	备 注
13	垫圈 6	8	GB 93—1987	气 缸
12	螺钉 M6×20	8	GB/T 70.1—2008	
11	后盖	1	HT150	
10	螺母 M12×1.25	1	GB/T 812—1988	
9	垫圈 12	1	GB/T 858—1988	

比例
件数
重量
共 张 第 张
制图
描图
审核

专业及班级		姓名及学号		审阅	成绩

11-1　AutoCAD 绘制平面图形

按照图中所标注的尺寸画图，要求图线、字体、尺寸等符合国家标准的规定。

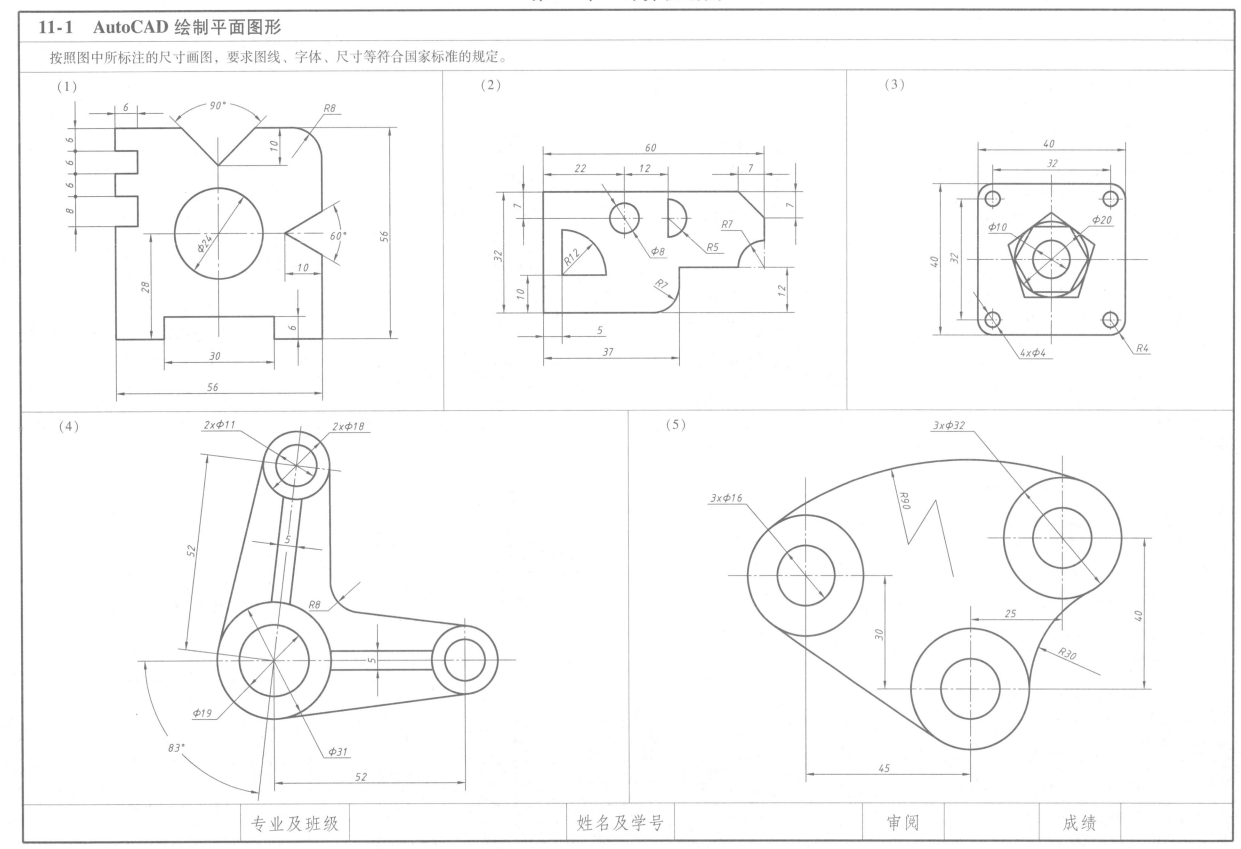

专业及班级		姓名及学号		审阅		成绩	

1. 按照图中所标注的尺寸画图，要求图线、字体、尺寸等符合国家标准的规定，并补画其左视图。

2. 按照图中所标注的尺寸画图，要求图线、字体、尺寸等符合国家标准的规定，并补画其左视图的 A—A 全剖视图。

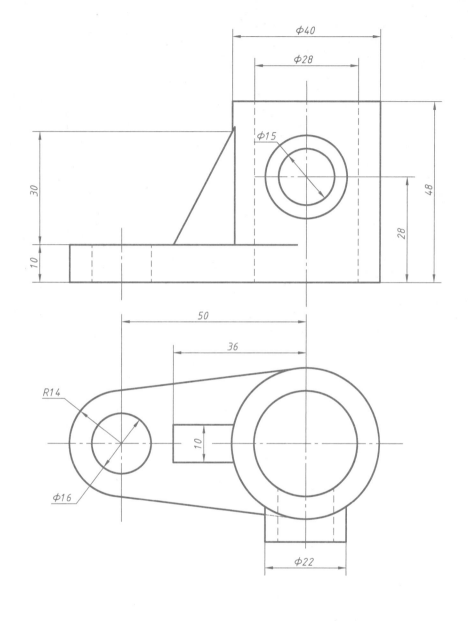

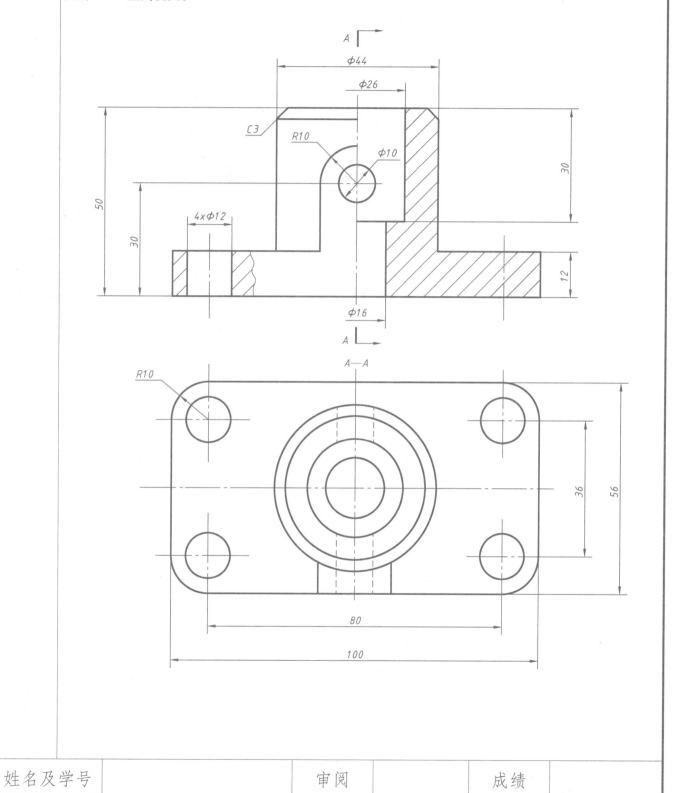

专业及班级		姓名及学号		审阅		成绩	

按照图中所标注的尺寸画阀盖零件图，要求图线、字体、尺寸、技术要求、标题栏等符合国家标准的规定，并补画其右视图。

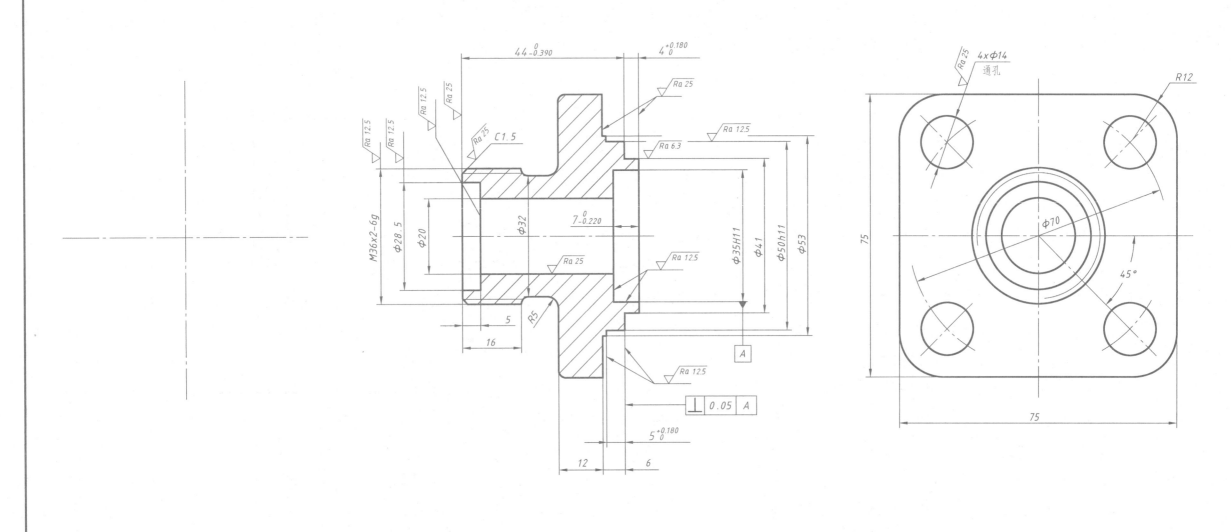

技术要求

1. 铸件经时效处理，消除内应力。
2. 未注铸造圆角R1～R3。

标记	处数	分区	更改文件号	签名	年　月　日					河南理工大学
									HT200	
设计			标准化			阶段标记		重量	比例	阀盖
审核										0201
工艺			批准			共　　张　　第　　张				

专业及班级		姓名及学号		审阅		成绩	

《现代机械工程制图》模拟试卷

（第一学期）

分数	27
得分	

一、选择题（每小题 3 分，本题 27 分）

1. 已知立体的主视图和左视图，正确的俯视图是（　　）。

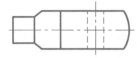

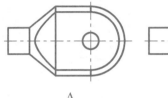 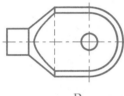 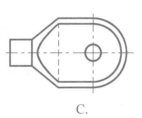 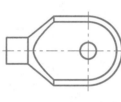

　　A.　　　　　　B.　　　　　　C.　　　　　　D.

2. 已知立体的主视图和左视图，正确的俯视图是（　　）。

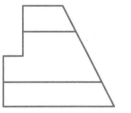 

 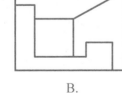 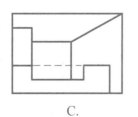 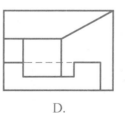

　　A.　　　　　　B.　　　　　　C.　　　　　　D.

3. 已知立体的主视图和俯视图，正确的左视图是（　　）。

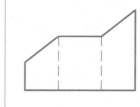 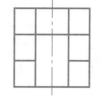 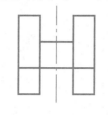 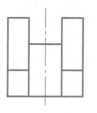 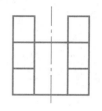

　　　　　　　　A.　　　　　　B.　　　　　　C.　　　　　　D.

4. 已知立体的主视图和俯视图，正确的左视图是（　　）。

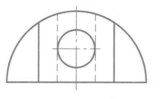 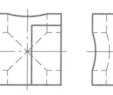 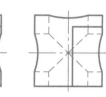

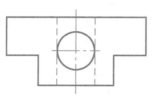

　　　　　　　　A.　　　　　　B.　　　　　　C.　　　　　　D.

5. 以下关于立体视图的尺寸标注，说法正确的是（　　）。

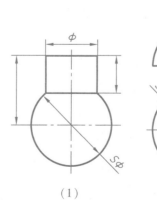 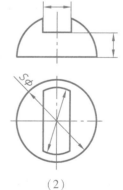 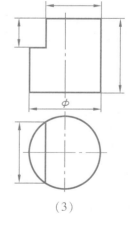 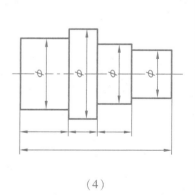

　　（1）　　　　　　（2）　　　　　　（3）　　　　　　（4）

A.（1）正确　　　B. 只有（4）正确　　　C.（3）正确　　　D.（2）和（4）正确

专业及班级		姓名及学号		审阅		成绩	

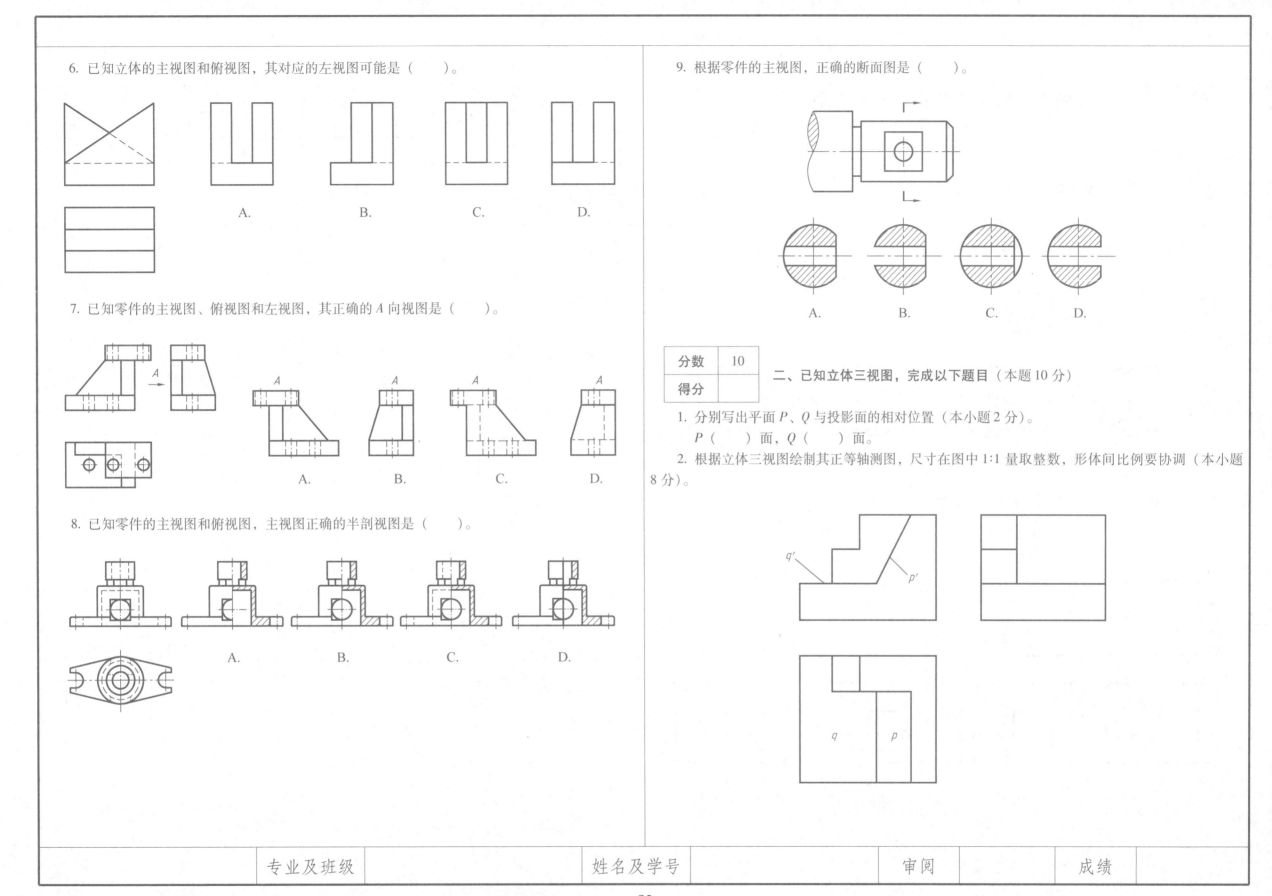

6. 已知立体的主视图和俯视图，其对应的左视图可能是（　　　）。

A.　　B.　　C.　　D.

7. 已知零件的主视图、俯视图和左视图，其正确的 A 向视图是（　　　）。

A.　　B.　　C.　　D.

8. 已知零件的主视图和俯视图，主视图正确的半剖视图是（　　　）。

A.　　B.　　C.　　D.

9. 根据零件的主视图，正确的断面图是（　　　）。

A.　　B.　　C.　　D.

分数	10
得分	

二、已知立体三视图，完成以下题目（本题 10 分）

1. 分别写出平面 P、Q 与投影面的相对位置（本小题 2 分）。

P（　　　）面，Q（　　　）面。

2. 根据立体三视图绘制其正等轴测图，尺寸在图中 1:1 量取整数，形体间比例要协调（本小题 8 分）。

三、补全立体三个视图上所缺的图线（含虚线）（本题 10 分）

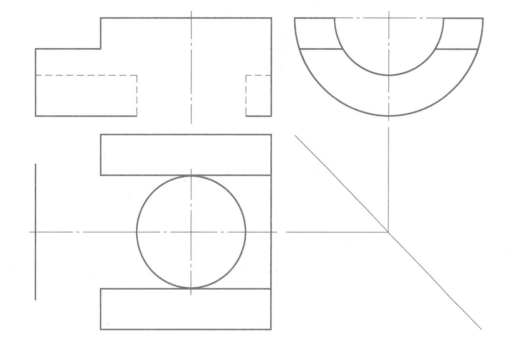

四、组合体（本题 32 分）

1. 已知组合体完整的主视图和俯视图，补画其左视图（本小题 10 分）。

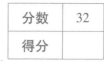

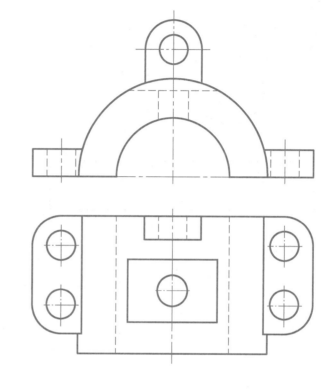

2. 已知组合体完整的主视图和左视图，补画其俯视图（本小题 10 分）。

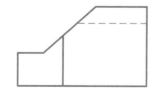

专业及班级		姓名及学号		审阅		成绩	

3. 标注如图所示组合体的尺寸，尺寸数值在图中按 1:1 比例量取并取整数（本小题12分）。

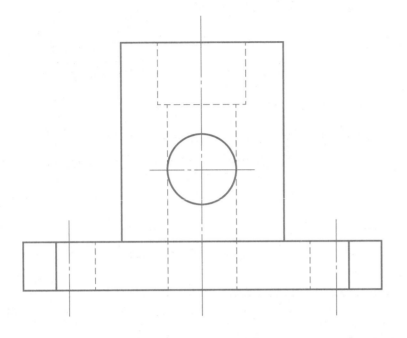

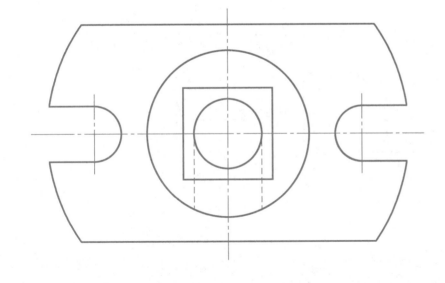

分数	21
得分	

五、表达（本题21分）

根据立体的主、俯视图，并结合标注，在指定位置将机件主视图作半剖视，左视图作全剖视。

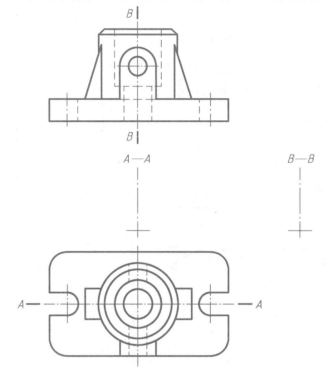

A—A B—B

《现代机械工程制图》模拟试卷

（第二学期）

分数	12
得分	

一、填空题（每小题 2 分，本题 12 分）

1. 使用直线命令画图示的线段 cd，单击鼠标，选中 c 点后，用键盘输入坐标_____或_____确定 d 点。

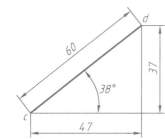

2. _____可组织图形，当图形看起来复杂时，可以隐藏当前不需要看到的对象。

3. 可以为所有线型指定不同的"全局比例因子"，"全局比例因子"的值越_____（填大或小），划线和空格越长。

4. 图形样板文件的扩展名是_____，图形文件的扩展名是_____。

分数	24
得分	

二、单项选择题（每小题 2 分）

1. 计算机绘图

1）下列哪一个图标是分解的命令（　　）。

A. 　　B. 　　C. 　　D.

2）下列哪种命令没有复制的作用（　　）。

A. 镜像　　B. 移动　　C. 阵列　　D. 偏移

3）关于偏移命令，说法错误的是（　　）。

A. 输入 OFFSET，启动偏移命令。

B. 可以指定距离或指定通过一点偏移对象。

C. 如果偏移圆或圆弧，则会创建更大或更小的圆或圆弧。

D. 偏移对象的图层只能与源对象的图层保持一致。

4）以下说法正确的是（　　）。

A. 通常 CAD 软件新的版本打不开早期版本的图形文件。

B. 当使用"显示/隐藏线宽"关闭线宽显示，则在打印时无法打印对象线宽。

C. 使用"夹点"编辑，只能改变图形的大小，不能改变图形的形状。

D. 用户能基于当前线型以及使用指定的间距、角度、颜色和其他特性自定义填充图案。

2. 机械制图

1）已知粗牙普通螺纹，螺纹大径为 20mm，螺距为 2.5mm，右旋，中径和顶径公差带代号均为 6g，中等旋合长度，其正确的螺纹标记为（　　）。

A. M20×2.5 – 6g6g – N – LH　　B. M20×2.5 – 6g – N – LH

C. M20 – 6g – LH　　D. M20 – 6g

2）已知滚动轴承 30209 GB/T 297—2015，关于它的说法正确的是（　　）。

A. 深沟球轴承，内径为 54mm　　B. 圆锥滚子轴承，内径为 45mm

C. 推力球轴承，内径为 50mm　　D. 圆锥滚子轴承，内径为 54mm

3）键连接中，A 型圆头普通平键（GB/T 1096），轴的直径为 50mm，键的长度为 90mm，则键的标记为（　　）。

A. GB/T 1096 键 14×9×90　　B. GB/T 1096 键 A 16×10

C. 键 GB/T 1096 14×9　　D. 键 GB/T 1096 16×10×90

附表：（摘自 GB/T 1095—2003）

轴的直径	键的尺寸 b×h	公称尺寸
>44~50	14×9	14
>50~58	16×10	16

4）下列哪个公差带图表示的是基轴制间隙配合（　　）。

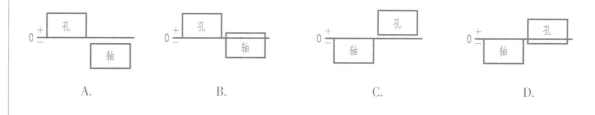

A.　　　　B.　　　　C.　　　　D.

专业及班级		姓名及学号		审阅		成绩	

5) 下图中关于螺柱连接、螺钉连接的画法，正确的是（　　　）。

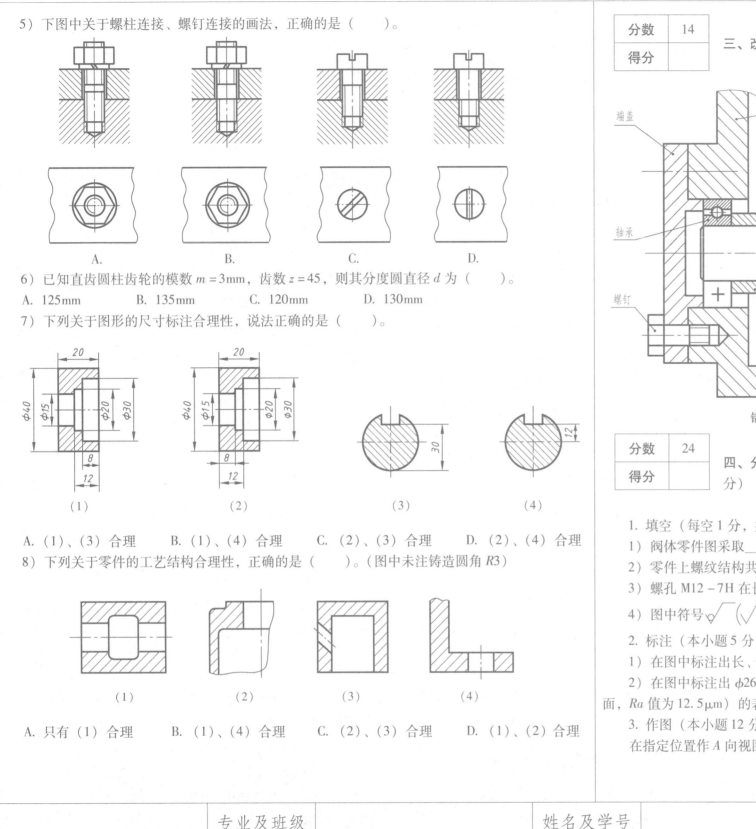

A.　　　　　　B.　　　　　　C.　　　　　　D.

6) 已知直齿圆柱齿轮的模数 $m = 3$mm，齿数 $z = 45$，则其分度圆直径 d 为（　　　）。

A. 125mm　　　　B. 135mm　　　　C. 120mm　　　　D. 130mm

7) 下列关于图形的尺寸标注合理性，说法正确的是（　　　）。

(1)　　　　　　(2)　　　　　　(3)　　　　　　(4)

A. (1)、(3) 合理　　　B. (1)、(4) 合理　　　C. (2)、(3) 合理　　　D. (2)、(4) 合理

8) 下列关于零件的工艺结构合理性，正确的是（　　　）。（图中未注铸造圆角 $R3$）

(1)　　　　　　(2)　　　　　　(3)　　　　　　(4)

A. 只有 (1) 合理　　　B. (1)、(4) 合理　　　C. (2)、(3) 合理　　　D. (1)、(2) 合理

分数	14
得分	

三、改错：如左侧装配图，在右侧指定位置画出正确的图形（本题 14 分）

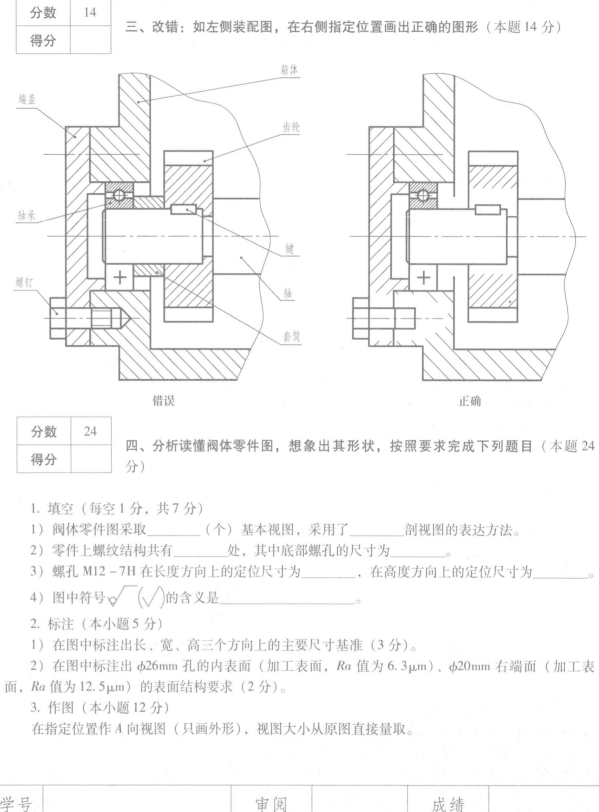

错误　　　　　　　　　　　　　正确

分数	24
得分	

四、分析读懂阀体零件图，想象出其形状，按照要求完成下列题目（本题 24 分）

1. 填空（每空 1 分，共 7 分）

1) 阀体零件图采取_____（个）基本视图，采用了_____剖视图的表达方法。

2) 零件上螺纹结构共有_____处，其中底部螺孔的尺寸为_____。

3) 螺孔 M12－7H 在长度方向上的定位尺寸为_____，在高度方向上的定位尺寸为_____。

4) 图中符号 ⌀（√）的含义是_____。

2. 标注（本小题 5 分）

1) 在图中标注出长、宽、高三个方向上的主要尺寸基准（3 分）。

2) 在图中标注出 $\phi26$mm 孔的内表面（加工表面，Ra 值为 6.3μm）、$\phi20$mm 右端面（加工表面，Ra 值为 12.5μm）的表面结构要求（2 分）。

3. 作图（本小题 12 分）

在指定位置作 A 向视图（只画外形），视图大小从原图直接量取。

专业及班级		姓名及学号		审阅		成绩	

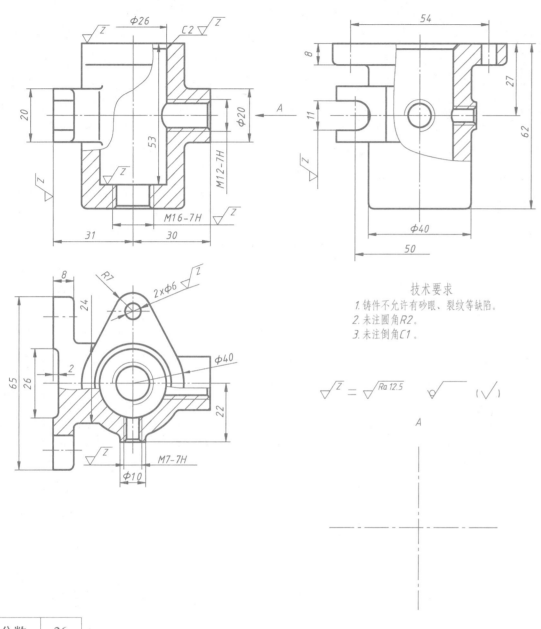

技术要求
1. 铸件不允许有砂眼、裂纹等缺陷。
2. 未注圆角R2。
3. 未注倒角C1。

$\sqrt{\dfrac{z}{\ }} = \sqrt{\dfrac{Ra\,12.5}{\ }}$　$\sqrt{\ }$　($\sqrt{\ }$)

A

1. 装配连接关系（13分）

1）齿杆13安装在阀盖11的孔内，齿杆轴与阀盖孔形成_____制_____配合；螺钉12穿过阀盖的螺孔一端安装在齿杆13的矩形槽内，对齿杆13起到_____作用（3分）。

2）齿轮10和阀杆3依靠_____连接，阀门2和阀杆3依靠_____连接，垫片5起到_____作用（3分）。

3）螺母9起到_____作用（1分）。

4）尺寸92是_____尺寸（从规格、装配、安装、总体中选一）（1分）。

5）蝶阀装配图中有_____（个）标准件，_____（个）非标准件（2分）。

6）齿轮10的分度圆直径为_____（1分）。

7）从蝶阀装配体拆下阀盖11的顺序：_____（2分）。

2. 拆画阀体的零件图，只标注装配图中已给出的与之相关的尺寸（13分）。

分数	26
得分	

五、读蝶阀装配图，按照要求完成下列题目（本题26分）

工作原理：蝶阀又称为翻板阀，是一种结构简单的调节阀，可用于控制空气、水、蒸汽、各种腐蚀性介质、泥浆、油品、液态金属和放射性介质等各种类型流体的流动。齿杆13上加工有齿条，阀杆3上安装有齿轮10和阀门2。当齿杆13沿轴向移动，利用齿条和齿轮10的传动，使阀门2在阀体1的腔体中转动，控制流体的流动，实现蝶阀的开启或关闭。

专业及班级		姓名及学号		审阅		成绩	

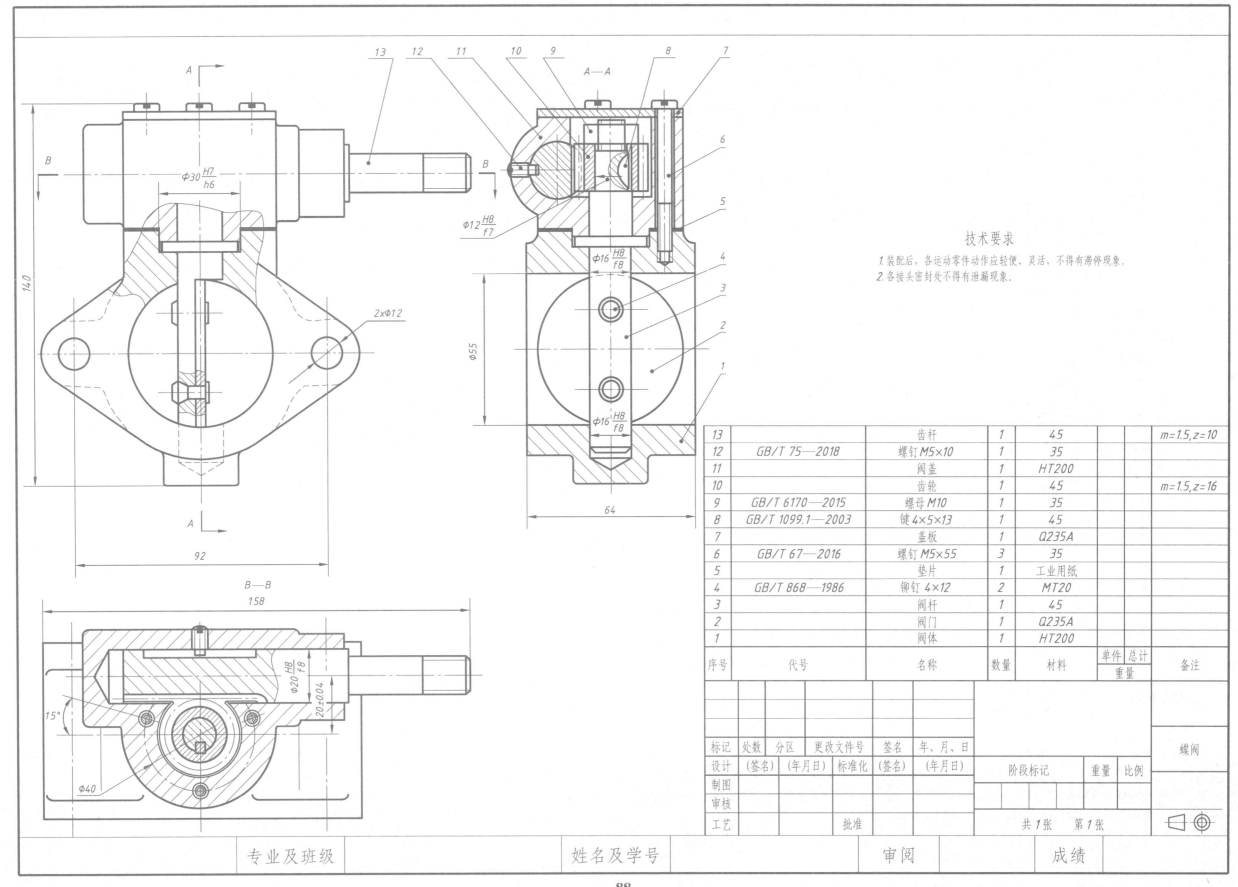

技术要求

1. 装配后，各运动零件动作应轻便、灵活，不得有滞停现象。
2. 各接头密封处不得有泄漏现象。

13		齿杆	1	45				m=1.5,z=10
12	GB/T 75—2018	螺钉 M5×10	1	35				
11		阀盖	1	HT200				
10		齿轮	1	45				m=1.5,z=16
9	GB/T 6170—2015	螺母 M10	1	35				
8	GB/T 1099.1—2003	键 4×5×13	1	45				
7		盖板	1	Q235A				
6	GB/T 67—2016	螺钉 M5×55	3	35				
5		垫片	1	工业用纸				
4	GB/T 868—1986	铆钉 4×12	2	MT20				
3		阀杆	1	45				
2		阀门	1	Q235A				
1		阀体	1	HT200				
序号	代号	名称	数量	材料	单件	总计		备注
					重量			

标记	处数	分区	更改文件号	签名	年、月、日				
设计	(签名)	(年月日)	标准化	(签名)	(年月日)	阶段标记		重量	比例
制图									
审核									
工艺			批准			共 1 张 第 1 张			

专业及班级　　姓名及学号　　审阅　　成绩

蝶阀

参 考 文 献

［1］白聿钦. 工程图学习题集［M］. 北京：中国电力出版社，2008.

［2］赵建国，何文平，段红杰，等. 工程制图习题集［M］. 3 版. 北京：高等教育出版社，2018.

［3］李迎春，徐芳，程琛. AutoCAD 2014 机械绘图实用教程［M］. 北京：中国电力出版社，2016.

［4］林玉祥. 机械工程图学习题集［M］. 3 版. 北京：科学出版社，2012.

［5］左宗义，冯开平，唐西隆，等. 画法几何与机械制图习题集［M］. 广州：华南理工大学出版社，2007.

［6］余雪梅. 机械制图及计算机绘图习题集［M］. 武汉：华中科技大学出版社，2006.

［7］王兰美，孙玉峰. 机械制图实验教程［M］. 济南：山东大学出版社，2005.

［8］王新，卢广顺. 机械制图习题集［M］. 北京：冶金工业出版社，2007.